上帝不掷骰子

量子物理简史

李淼 著

北京联合出版公司
Beijing United Publishing Co.,Ltd.

目录

CONTENTS

第01课

想象一个我们看不到的世界——量子力学的开端

这是我们进入量子世界的第一课。那么，什么是量子力学？一个由量子力学主宰的世界，到底是什么样的？

下面，大家将开启一场量子世界之旅。

遨游神奇的量子世界，我们首先从回顾经典世界，也就是我们日常生活的世界开始。日常所见的量子力学教科书，都是按照历史的顺序来讲述的。但是，这样的叙述过程是违反逻辑的，即使量子力学理论的确是按照历史的顺序一步一步展现在世人面前的。其实，如果我们对历史做一个梳理，就会发现历史顺序并不是最好的叙述方法。因此在这本书里，我们要抛开历史顺序，从逻辑的角度来谈论一下量子力学的发现过程。

在 20 世纪以前，我们对经典世界的认识主要来自牛顿（Isaac Newton）爵士。大家知道，从牛顿开始，现代科学诞生了。牛顿爵士建立了一门全新的学科，叫经典力学，也称牛顿力学，其核心是牛顿运动学三定律和万有引力定律。

在物理学上，我们把物体想要保持原有运动状态的特性叫作惯性，所以牛顿第一定律也叫惯性定律。

牛顿第一定律说的是，如果没有外力，物体会一直保持它原有的运动状态。一个静止的物体，你要是不去推它，它就会一直不动；而一个在真空中运动的物体，你要是不去拦住它，它就不会停下来。

牛顿第二定律说的是，力能改变物体运动的速度。比如说，一个静止的物体，你推它一下，它就会动起来；而一个运动的物体，你把它抓住，它就会停下来。还有一点很关键：对于质量越大的物体，要改变其运动状态就得花更大的力气。

牛顿第三定律是说，你要是对物体施加一个作用力，就会受到物体给你的一个大小相等、方向相反的反作用力。举例来说，当你在健身房击打沙袋的时候，会感到沙袋给你一个回馈的力。你用力越大，沙袋的回馈力就越大，这就是作用力和反作用力在起作用。

除了这三条运动学定律，牛顿爵士还发现了一条关于力的新定律，叫万有引力定律。它说的是，任何两个有质量的物体之间都存在着一种彼此吸引的力，其大小与两个物体质量的乘积成正比，而与两个物体间距离的平方成反比。这种力普遍存在于整个宇宙。我们都听说过牛顿与苹果的故事。一个成熟的苹果掉落，才引起了牛顿的思考。这种能够让成熟的苹果从树上掉下来的力就是吸引力。另外，使得月球绕着地球转，以及让各大行星绕着太阳转的力也是这种吸引力，而这种无处不在的吸引力被称为万有引力。

牛顿爵士

这几条定律看似非常简单，但千万不要小

看这几条简单的定律。由于牛顿力学的巨大成就，20 世纪前的科学家们普遍相信，牛顿运动学三定律和万有引力定律就是主宰整个宇宙的终极真理。

后来，在物理学中，牛顿的这些发现被总结成牛顿的物理学规律。我们今天回过头来看这些物理学规律，就会发现它们只适用于我们在日常生活里看到的宏观现象，例如飞机的飞行、汽车的跑动、火车的行驶、蒸汽机的运行规律等等，包括太阳、地球、行星，甚至宇宙的运行规律，也都是宏观的。我们可以用牛顿的物理学规律做出确定性的预测，这是牛顿的物理学规律的一个重要特点。比如说，太阳在早上升起来，在黄昏时落下去，这些预测基本上都是确定的。再具体点说，牛顿的物理学规律可以对“明天的太阳会在早上 7 点钟升起，在下午 7 点钟落下”这个现象，做出非常精确的预测，甚至精确到比秒还要短的时间长度，精确到比厘米还要小的空间尺度。因此，牛顿的物理学规律被称为决定论。也就是说，当我们知道了某一个物体现在的位置和速度，就能知道它在未来任何时刻的位置和速度。

决定论在 20 世纪以前一直是学术界的主流观点。关于决定论的盛行，最好的例子就是法国物理学家拉普拉斯（Pierre-Simon Laplace）的故事。

拉普拉斯是牛顿力学的忠实信徒。他曾说过：“我们可以把宇宙现在的状态视为其过去的果以及未来的因。如果一个智者能知道某一时刻所有的力以及所有物件的运动状态，那么未来就会像过去一样出现在他的面前。”

这个拉普拉斯口中全知全能的智者，后来被人称为“拉普拉斯妖”。

拉普拉斯用牛顿力学计算了太阳系中所有行星的运动，然后写成了一本叫《天体力学》的书，献给了刚刚登基的法国皇帝拿破仑（Napoléon Bonaparte）。拿破仑看了书后问他："你这本书讲的全是天上的事，为什么一个字都没有提到上帝？"拉普拉斯回答："陛下，在我的理论里，不需要假设上帝的存在。"而这本书后来成为经典天体力学的代表作。

拉普拉斯与拿破仑的相识颇有渊源。拉普拉斯在 18 岁那年带着一封推荐信去了巴黎，想要见著名科学家达朗贝尔（Jean le Rond d'Alembert）一面。但是，达朗贝尔把他当成一个小毛孩儿，给他吃了闭门羹。拉普拉斯就把一篇自己写的论文寄给了达朗贝尔。达朗贝尔看了论文以后态度发生了 180 度的大转弯，不但马上见了拉普拉斯，还主动表示要当他的教父，最后甚至把他推荐到一个军事学校去教书。所以说，当你足够优秀的时候，最好的推荐人其实就是你自己。

而在那个军事学校里，拉普拉斯和一个矮个子的学生结下了不解之缘。这个所谓的“矮个子”就是日后威震欧洲的拿破仑。随着拿破仑一步步地登上法兰西权力之巅，拉普拉斯也跟着飞黄腾达起来。在拿破仑称帝的时候，他甚至被委任为法国的内政部长。可惜拉普拉斯虽然做科研是一把好手，搞行政却是一个十足的饭桶，只在内政部长的位子上干了短短六个星期，就被忍无可忍的拿破仑罢了官。

再回到牛顿的经典力学。其实，牛顿的决定论还有另一个名称——机械论。

在哲学的范畴里经常会说机械论是不好的。假如我们说一个人的思维太机械了，意思就是这个人的思维比较固化。按照牛顿决定论的逻辑，也就是说这个人的思维是可以预测的。这就像宏观世界中的一些物理学现象，当你看到一件事情时，就会想到相关的其他事情，随后做出相应的反应。

我们可以把这种物理学规律以及人的行为做一个非常精妙的比喻，把它们比作一座大钟。一座大钟如果运转正常，那么上好发条之后，钟就会有条不紊地走下去，一直到能量耗尽。

但是，我们就有疑问了：上述这些现象，即决定论的预测，一定是终极的吗？是绝对不可改变的吗？

其实，如果学习了量子力学，我们就会说：不是这样的。

到了 20 世纪以后，科学家发现牛顿力学其实只适用于我们日常生活的宏观世界，如果把牛顿力学放到尺度特别小的微观世界就行不通了。这就涉及另外一个重要的问题：所有宏观物体的背后，是否还有我们所不了解的地方？

比如说，我们面前放着一台电脑。我们可以把这个电脑拆解开，电脑有显示屏和主机，拆开主机后有主板，而主板上有集成电路……我们可以把电脑一直这样分解下去，分解到非常微小的部分，这些部件既有人造的，也有非人造的。

再比如，我们面前有张木制的桌子。如果用显微镜来看，通过研究木头中非常细小的纹路，我们就发现了干化的细胞。在这之后，只要你拥有足够强大的显微镜，你就能看到细胞里面有很多更微小的结构，比如细胞核、线粒体和 DNA。

万事万物都是由分子和原子构成的，通过这个我们可以想到古希腊的原子论。古希腊人的理论就是在逻辑上推演出来的。他们想了解万事万物的内在到底有没有更基本的东西，于是他们就向事物的

拿破仑 · 波拿巴

内部深处推演。

举个例子，有一块石头，我们用锤子敲碎后会变成许多小石块。这些小石块也可以继续被敲碎，变成更小的石块。我们就这么一直敲下去，最后会敲出一个最小的石块，小到无论再怎么敲，都无法分割它了。那么，这个再也无法被分割的“石块”就被称为原子。

古希腊人早在2000多年前就已经提出了原子的概念，只不过古希腊人所说的原子，完全是一种哲学上的思辨。

原子是什么时候从哲学上的思辨进入科学中的?

最早从科学上阐述原子概念的人，是著名的奥地利物理学家玻尔兹曼（Ludwig Edward Boltzmann）。他认为很多宏观的现象，例如热量从温度比较高的地方向温度比较低的地方传递，就可以通过分子和原子理论来解释。玻尔兹曼一直相信世界是由原子构成的，并以此为基础创立了一门叫统计力学的学科。不过在那个年代，大家普遍不相信原子论，所以玻尔兹曼在学术上有一大批反对者。这些人常年攻击原子论，甚至直接攻击玻尔兹曼本人，这让他感到很痛苦。玻尔兹曼曾感慨自己是一个“软弱无力地与时代潮流抗争的人”，但他并非孤军奋战，当时有一个年轻的德国科学家也站在他这边。不过玻尔兹曼心高气傲，觉得这个支持他的德国人是个无名小卒，根本看不上眼。而这个德国科学家不是别人，正是日后被称为“量子论之父”的普朗克（Max Karl Ernst Ludwig Planck）。

这里我们先插播一则玻尔兹曼的趣事。

玻尔兹曼是一个很奇怪的老师，他上课时不喜欢往黑板上写东西，光是自己一个人在讲台上“哇啦哇啦”地讲个不停。有学生向他抱怨说:

“老师，你以后得往黑板上写公式，光讲不写我们都记不住啊。”玻尔兹曼一口答应了。但是到了第二天，他又在课堂上滔滔不绝地讲，最后还总结道：“大家看这个问题，就像一加一等于二那么简单。”然后他突然想起上次对学生的承诺，于是拿起粉笔，在黑板上工工整整地写上了“1+1=2”。（求当时学生们的心理阴影面积。）

我们再回到前面提到的桌子或者电脑，这两样东西都是固体，它们具有相似的性质。

同样，气体也有类似的规律。气体有压强和密度，我们把这些叫作宏观的量。牛顿的物理定律就是从这个概念出发的，也就是一切东西都是宏观的。你触摸一个东西，会感觉到它有温度；你称量一个东西，能得到它的质量有多少；你周围有空气，因此你就可以感受到大气的压强。

比如，在地面上，压强是 1 个大气压；当你登上高山，气压就降低了。在上海的 1 个大气压条件下煮水，水到 100 摄氏度才会沸腾，但是到了青藏高原上，由于压强降低，所以水不到 100 摄氏度就沸腾了。我们这里说的水沸腾的温度、大气的压强、水的温度和水的密度等，都是宏观的概念。

其实，从 19 世纪末一直往前推，直到牛顿和伽利略，甚至到更早的古希腊时期，人类都是用宏观的概念来描述这个世界的。

但是从古希腊的原子论开始，到 19 世纪下半叶的原子理论，科学家们其实早就开始去想象一个我们看不见的世界了。如果你没有足够强大的放大镜或者显微镜，就永远不会知道木头里面有细胞，细胞里面还有分子和原子。而在那个时候，人类还没有发明出跟现在一样强大的放大镜或是显微镜。因此，这些古希腊的哲人和物理学家就要利用他们的想象，去探知一个我们无法直接通过肉眼就能看到的世界。

如果我们要解释一下宏观的现象，再追问这些现象中最根本的原因，该怎么办呢?

有一个最简便的办法：假定分子和原子是存在的。比如，玻尔兹曼就曾假设，一团气体的温度其实标志着这团气体里面的分子和原子运动的速度，这些原子运动的速度越快，气体的温度就越高。这就是一个关于原子的假说。

到了 20 世纪初，很多物理学家都提出了一些理论。特别是爱因斯坦（Albert Einstein），在 1905 年提出了狭义相对论，还提出了光子

的概念。

他同时还提出了一个非常聪明的办法来证明分子和原子是存在的。那就是通过在放大镜下观测花粉在液体中的运动来间接地观察分子和原子，这种运动就叫作布朗运动。

花粉虽然小，我们用肉眼看不到而需要用放大镜去观察它，但是它没有小到分子和原子那样的程度。因此，花粉还是一个比较宏观的物体。爱因斯坦说，由于花粉在液体中受到液体里包含的大量分子和原子的碰撞，它就产生了像醉汉一样无规则的运动。他认为，通过测量花粉的运动规律，例如每秒钟可以走多远，就可以测量每立方厘米这种液体里含有多少分子和原子，这个数值就是所谓的阿伏伽德罗常数。

爱因斯坦是第一个用理论测量分子和原子的科学家。在他发表这个理论之后不久，就有其他物理学家，特别是法国的朗之万（Paul Langevin）等人，通过实验测出了阿伏伽德罗常数。这个常数代表了单位体积的物体内有多少分子和原子，比如说空气和水等。

这就把我们引入了以前只存在于想象中的那个世界，也就是古希腊人和 19 世纪下半叶的玻尔兹曼等物理学家想象中的一个微观的世界。这是牛顿和在他之后的物理学家没有办法想象的，也是我们在这本书中要谈到的量子世界中的奇妙力量。

在这个微观世界中，到底是由什么物理学规律统治着？这个被我们称为“量子世界”的时空中的物理规律到底是什么样子？

太阳还会像在经典世界中一样，像我们准确预测的那样在“早上 7 点升起，在黄昏 7 点时落下”吗？或者我们是不是没有办法做出跟经典世界中一样的、准确的预测？

以上的问题，所表达的就是量子理论会覆盖的一个方面，在了解量子理论之后，我们就能够得到一个解答。当然我们还会解答一些更加让人脑洞大开的问题，一些大家没有想象过的问题：桌子为什么能在很长时间内都不改变形状？电脑为什么可以长时间使用而不会破损？我们在大街上开车的时候，为什么可以安心地坐在里面，而不会担心车辆散架……

观察仔细的人就会发现，我们以上提到的这些物体都是固体。在生活中，我们还会遇到除了固体以外的东西，例如水和油之类的液体，除了液体之外还有气体，比如我们周围的空气。

回想一下，我们小时候都玩过氢气球，这些氢气是怎么来的？

我们可以把锌放到硫酸里，让它分解出氢气。我们还可以做更多实验，把大气里的成分提纯出来，变成氧气、氮气、氢气和二氧化碳，甚至是水蒸气。气体和液体不同于固体，是可以改变形状的。它们还有一个特性，就是不会突然爆炸。这里所说的爆炸不是化学家所研究的那种特殊情况产生的爆炸，而是只谈论生活中我们能够接触到的气体和液体，它们不会突然发生爆炸，也不会突然变形。

举一个例子，我们往一个水杯里倒上半杯水，如果我们不去喝它，过了一段时间或是一夜（短时间内，这里不包括液体蒸发），它还是半杯水，而不会变得更多或者更少。

这是为什么？

从经典世界来说，牛顿的物理理论和在他之后的物理学都没有对此现象做出解释，而是把这种现象当成了一个既定的事实，一个我们不得不接受的事实。或者说，这是一种规律。例如，桌子不会变形，只因为它是固体；电脑经久耐用，也是因为它是固体。传统的物理学中没有解释这些问题，也不想做出解释。外形无法改变的电脑的金属外壳有强度和硬度，外形可以改变的橡胶有弹性系数。物理学家把所有这些东西都用一些宏观的概念总结成为经验和规律，但是他们对这些规律不加以解释。

回到刚才提到的那半杯水，到了明天它仍然是半杯水。经典物理学家就会解释说，在给定的温度和大气压之下，水的体积不会变。再以我们周围的空气为例，物理学家们说，在温度为 15 摄氏度、气压为 1 个大气压的情况下，空气的体积不会发生变化或者突然爆炸。所有这些现象都变成了我们不得不接受的经验事实和规律。

但是到了 19 世纪下半叶，玻尔兹曼等物理学家想要对宏观现象做出解释，就必须假设出分子和原子。

到了 20 世纪，物理学家们进一步发现了更多物理学界的新现象。因此他们不得不解释这些新现象，不得不强迫自己冲破牛顿力学的既有概念——决定论，直到发现了量子理论。

直到今天，无论是普通人还是实验室中的物理学家们，仍然觉得量子力学非常神奇，因为它能解释很多我们以前不愿意或者无法解释的现象。同时，这些量子力学的理论非常新颖、奇异，以至于我们在逻辑上认为，量子论的世界是根本无法理解的，因为它突破了日常生活的经验和常识。

现在，我们要尝试通过这本书来对量子力学做一个初步的了解，以此来对周围的世界做出更深入的探索。

第02课

普朗克：当某样东西具备无限大能量的可能时……

在上一课中我们提到，谈论量子论和量子力学不应该按照历史顺序，而是要按照逻辑顺序。但是在这一节里，我们还是有必要先回顾一下历史，就像其他标准的量子力学课程一样。

为什么我们还要回顾历史?

其中有两个重要的原因：一个是温故而知新，通过回顾历史，我们能够得到一些新的启发；另一个原因在于，回顾历史也是向历史人物致敬。

因此在这一课当中，我们会谈到量子论的功臣普朗克。在下一课里还会谈到量子力学里的另一个功臣，那就是爱因斯坦。

说到普朗克，就不得不提到他的一些传奇经历。对我个人来说，普朗克是一个了不起的英雄。我经常说，研究理论物理是有年龄限制的。这就是为什么我在 50 岁之后把主要精力放到了其他地方，而不是去写物理学论文的原因。因为理论物理领域有一个重要的特点，就是在诺贝尔物理学奖的历史上，所有获得奖项的理论物理领域的科学家几乎都是在 40 岁之前做出了让他们获奖的工作成果。然而在这中间，只有一个例外，他就是普朗克。

普朗克出生于 1858 年，也就是 19 世纪下半叶刚

普朗克

刚开始的时候。在他四十一二岁的时候，即1899年到1900年间，他对量子论做了第一个贡献，他也因此获得了诺贝尔物理学奖。而普朗克就是唯一一个因40岁之后的理论发现而获得诺贝尔物理学奖的科学家。因此，普朗克是一个突破物理学研究历史纪录的人，是一个特例。

接下来，我们来谈谈关于普朗克的几件逸事。

在谈论著名物理学家时，总是要谈到他在童年受到过什么样的启发，普朗克也不例外。

其实，普朗克童年时的爱好并不是科学，而是音乐和文学。普朗克在物理学家中以善于演奏钢琴而闻名，而爱因斯坦是以演奏小提琴而闻名。据说，普朗克演奏钢琴的水平要远远高于爱因斯坦演奏小提琴的水平。当然，因为当年没有录音带，也没有U盘，所以这些只是传说。

据说他之所以研究物理学，是因为受到了他的一位中学老师的启发和激励。这位老师名叫缪勒，这是一个德语中常见的名字。他给普朗克讲了一个故事，让普朗克对物理学产生了兴趣。

故事是这样的，一个建筑工人费了很大力气把砖头搬到屋顶上，这样一来，这个工人耗费的能量就被砖头储存了起来。一旦砖头风化之后松动了，从屋顶上落下去，能量就会被释放出来，如果砸到了人就会使人受伤。这种能量的转移和释放就是能量守恒。

这个故事给普朗克一生留下了难忘的印象，使得他把兴趣爱好由音乐和文学转移到了物理学方面，为他日后的研究工作打下了基础。

一位物理学教授曾劝说普朗克，希望他不要学习物理。因为从当时的物理学界发展的角度来看，“这门科学中的一切都已经被研究过了，只有一些不重要的空白需要被填补”。

但是普朗克没有知难而退，他给这位教授回信说：“我并不期望发现新大陆，只希望理解已经存在的物理学基础，或许能将其加深。”在这个信念的指引下，普朗克开始了物理学的研究。

还有一个关于普朗克的趣事。

在普朗克获奖以后，他经常被邀请到各个大学去做演讲，但是每次他的报告内容都是一样的。久而久之，他的司机也能倒背如流。有一次，司机对普朗克说：“你的报告我已经倒背如流了，干脆下次演讲让我去吧。”普朗克答应了。到了下次演讲的时候，司机就顶替普朗克上台做报告，而且很顺利地完成了。但到了接下来的观众提问环节上，有个观众问了一个技术问题，直接把司机给难住了。幸好司机反应很快，回答道：“这个问题很简单，连我那在台下的司机都能回答，让他来和你说吧。”然后坐在台下的普朗克就上台救了场。

而另一个关于普朗克的故事就有些悲伤了。

其实，普朗克的人生称不上坎坷。他在拿到诺贝尔奖之后，不但变得很富有，而且在德国最著名的柏林大学成了一名教授，这样看来他这辈子似乎不用继续努力拼搏也可以过得不错了。但是，普朗克不幸地经历了两次世界大战。1916 年，普朗克已经快 60 岁了，妻子早已去世，他的大儿子在第一次世界大战的战场上阵亡了。他不得不承受老年丧子之痛。而到了第二年，他失去了一个女儿，又过了两年，他又失去了另一个女儿。更不幸的是，在接下来的第二次世界大战中，他的二儿子又被希特勒处死。在这两次大战之间，普朗克化悲痛为力量，通过努力工作来忘记丧子的痛苦。

普朗克一生中发表了 215 篇论文，在理论物理学家里算是发表著作颇多的一个科学家。说到普朗克发现量子论的过程，我们不得不回顾一下第一课中提到的宏观物体。除了讲到的若干性质，宏观物体还有一些其他的性质，比如，物体的温度。

在喝水的时候，我们能感受到手中的水杯烫不烫，这是体感能够感受到的温度。但是对于更高的温度，我们就不能用体感去感受了。因为人的体温不到 40 摄氏度，如果去碰触很高的温度就要被烫伤，这时就需要设计出一些仪器来测量物体的温度，例如温度计。当物体的温度超出温度计的测量范围时，我们就要用其他更加抽象的办法进行测量。

19 世纪下半叶，玻尔兹曼等科学家发现了物体的温度和组成物体的分子和原子之间的能量关系，并且用这些关系来测量温度。

玻尔兹曼等人首先假设物体是由分子和原子构成的，而这些分子的运动能够产生能量。就像中学老师缪勒给普朗克讲的故事一样：被搬到房顶的砖头是有能量的。当砖头运动起来时，那么它就不仅因为位于高处而有能量，同时还有因运动带来的动能。

同样，在所有气体、液体和固体中的分子和原子都有动能。当这些分子和原子高速运动起来时，它们具有的动能非常大。那么，这个动能是否能用宏观的温度来体现?

玻尔兹曼等人发现了一个重要的规律：物体中的分子的能量和物

体本身的温度是成正比的。

我们这里所说的“成正比”，是指物体的温度提高 1 倍，内部分子的动能就提高 1 倍；温度提高 2 倍，动能就提高 2 倍。科学家们通过这个规律，能够计算出一团气体具有的总能量。

比如，我手中有一个气球，气球里有气体，那么我就可以预言在温度达到什么程度时，气体具有的总能量是多少，这可以通过公式计算出来。公式总能给出一个固定的答案，并且这个答案一定是有限的。我们不能说一个气球里的气体是无限的，如果这个能量是无限的话，我们就能有取之不尽的能源。然而可惜的是，任何气体的能量都是有限的，终会消耗殆尽。通俗地说，当气体中的分子和原子不再运动的时候，能量就消耗光了。

所以，一团体积有限、温度有限的气体，它的能量是有限的。

到了 19 世纪末、20 世纪初的时候，物理学家们想把这个理论

应用到光的研究领域。我们知道，1888 年，赫兹（Heinrich Rudolf Hertz）用实验证明了电磁波的存在。也就是说，他验证了麦克斯韦（James Clerk Maxwell）的理论。麦克斯韦曾经预言了电磁波的存在，他还认为电磁波本身和光一样，光就是一种电磁波。

所以，那时的科学家们开始想要对光（电磁波）具有的能量进行研究。例如，太阳光照射到地球，就有固定的能量。我们可以把光看成是一个和温度有关的主题。

如果我们在一个炉子里点火，然后把炉子密封起来，那么它里面就有光。当这些光的能量和发生燃烧的物体之间取得一个平衡的时候，它就有温度，就像太阳光一样。

太阳的表面温度是 6000 摄氏度左右，因此太阳发出的光的温度也是 6000 摄氏度左右。我们如果把太阳光和地球上的光做类比，就会知道地球上的光也有温度。

这个时候，物理学家们就想把赫兹的发现、麦克斯韦的理论和玻尔兹曼的分子原子理论结合起来。他们设想：如果给气体设定一个温度，能够计算出它包含多少能量，那么给光和电磁波设定一个温度，也应该能计算出它有多大能量。

当物理学家们把这个公式应用到麦克斯韦理论中时，发现这个能量是无限大的。当然，如果一个物体有无限大的能量，这倒是一件好事，因为这样就会有取之不竭的能源。但是在物理学里面，没有一个物体有无限大的能量。

那么，物理学家们是如何计算出光和电磁波拥有无限大的能量的？

光和电磁波与普通物体之间存在着一个根本的不同之处——物理

学家们并没有假设光和电磁波是由分子和原子构成的，而是认为光是连续的。这就像我们不会去分解一杯水一样，因为我们认为一杯水是连续的，就是在一个杯子的空间里充满了水。物理学家也假定在空间里充满了光，这些光是连续的。按照麦克斯韦的理论来说，光呈现出连续的波的状态。

什么是波？

波是某种东西在传播过程中振动的现象。比如，水波是由水的上下振动而产生的。再比如，声波是由空气的振动而产生的。如果把“物体的温度与它的能量有关”的这个理论应用到波上，就会得到一个一成不变的答案：无论波的温度有多高，它的能量是无限大的。这是 19 世纪末到 20 世纪初的物理学家们所面临的问题，也是普朗克面对的问题。

我们再把话题重新回到普朗克的个人经历上，在发现量子之前，普朗克已经研究了大概 20 年的物理学。这时的他因哪方面的研究而著名呢？

正是对物体的温度和能量的研究，使得普朗克闻名于世。今天，我们把这种研究都归为热力学范畴。但是他的成就还没有达到能获得诺贝尔奖的程度，只能在德国的一所著名大学里做一个很好的教授。等他到了

赫兹

41 岁，就跟其他物理学家一样，发现“光和电磁波含有无限多的能量”这一理论是个不可攻克的难题，同时发现这个难题和物理学的概念互相矛盾，此时他灵机一动，想到了一个解决方式：

普朗克认为物体的热辐射所发出的光，其能量并不连续，而是一份一份的，大小等于光的频率乘以一个很小的常数，这个常数后来就叫作“普朗克常数”。

我们所说的“量子”，其实就是指这种物理量本身不连续、总是一份一份分布的特性。换言之，在量子世界里，物理量总是存在着一个最小值，无法像在经典世界中的那样，直接趋于零。

这个伟大的发现开启了通往量子世界的大门。

当时的普朗克把这种微小的能量叫作 quantus，也就是我们今天所说的量子，有时候也称作能量子。这就意味着，虽然这些波从表面上看是不可分割的，但其实它具有的能量是可以分割的，并且能分割到的最小的单位就是量子，这个量子有固定的能量。因此，尽管光不像普通物体那样包含分子和原子，但是它的能量是由量子组成的。这样一来，通过已知的由麦克斯韦、玻尔兹曼等人建立起来的理论，就能计算出电磁波和光的能量，这个能量是有限的。

除此之外，普朗克还给出了一个新的公式，解释了光的能量与温度之间的关系：一个单位体积里的光的能量，是随着温度的 4 次方变化的。也就是说，光的温度提高到 2 倍，它的能量就提高到 16 倍；温度提高到 3 倍，能量就提高到 81 倍。由此，普朗克终于得到了一个不朽的公式，这就是普朗克公式。

通过普朗克公式，我们知道光的能量和温度之间的关系，还能计算出不同频率之间的光的能量。波的频率越大，或者说波长越短，波的能量也就越大。

我们肉眼可以直接看到的光，叫作可见光。雨后的天空经常会出现美丽的彩虹，它有红橙黄绿蓝靛紫七种不同的颜色。其实，可见光的频率范围，就介于红光和紫光之间。其中红光的频率最小，波长最长，能量也最小；紫光频率最大，波长最短，能量也最大。比红光能量更低的是红外线，它可以用来杀菌。现在一般的餐厅都有给碗筷消毒的机器，就是通过红外线来给碗筷进行消毒的。比红外线能量更低的是微波，它可以用来加热物体。我们家里用的微波炉，就是利用了微波能加热物体的特性。还有就是比微波能量更低的无线电。我们的电视、广播、手机和无线网络信号，就是通过无线电来传输的。

刚才说的都是能量比较低的光，下面来说说能量高的。

比紫光能量更高的是紫外线。如果我们天天在外边晒太阳的话，皮肤就会被晒伤，而晒伤我们皮肤的罪魁祸首就是紫外线。比紫外线能量更高的是 X 射线，X 射线的穿透本领很强。我们到医院体检的时候，经常要拍 X 光片，用的就是 X 射线。比 X 射线能量更高的是伽马射线。伽马射线的能量非常高，所以可以当成是一种特殊的手术刀，来给病人做手术。

正是因为普朗克公式，普朗克获得了诺贝尔物理学奖。这个理论我们直到今天还在使用，并且我们发现这个理论背后还有更深的逻辑。

为了纪念普朗克在物理学上做出的贡献，2009 年，欧洲航空航天局以他的名字命名了一架新发射升空的太空望远镜。这架望远镜携带了很多非常灵敏的观测仪器，用来深入探测宇宙中的微波背景辐射。

在《宇宙的一生》中我提到，宇宙是在 138 亿年前的一次大爆炸中诞生的。那么在宇宙大爆炸之后，微波背景辐射就布满了我们所处的这个宇宙空间里。通过普朗克探测器，我们能够对这些微波背景辐射有更多的了解，进一步研究宇宙是怎么形成的。

关于普朗克的研究成果以及他带来的启发和推论，在之后的内容中会逐步展开论述。

哈勃空间望远镜

第03课

为什么我们无法拥有透视眼？

在上一课中我们已经谈到了第一个对量子力学的诞生贡献巨大的人，就是普朗克。在他之后，第二个对量子力学有卓越贡献的人就是爱因斯坦。

我曾经说过，人类历史上有两个最著名的科学家。一个是前面提到过的牛顿爵士，另一个就是爱因斯坦。类似于牛顿爵士的经历，爱因斯坦的早年生活也是挺不顺的。他出生在德国的一个犹太家庭，为了躲避在德国军队里服役，爱因斯坦跑到瑞士去考大学。结果他第一年落了榜，到第二年才考上苏黎世理工学院。爱因斯坦是一个恃才傲物的人，他在大学期间经常不去听课。更糟糕的是，他那时的大学课堂不像现在的大学里讲大课，一个教室里能有几十甚至上百个学生，所以你不来老师可能还发现不了。在爱因斯坦上大学的时候，一个教室里只有十个学生，你不去上课老师一抓一个准。由于爱因斯坦经常不去上课，他的老师们都对他很不满。当时物理系的系主任是韦伯，他就曾批评爱因斯坦不喜欢听从他人的意见。这就导致了一个很严重的后果——当爱因斯坦毕业的时候，他没能在大学里找到工作。

在大学毕业后的两年时间里，爱因斯坦过得相当艰难。他曾经在中学教过课、给小孩子做过家教，甚至还当过一段时间的无业游民。后来靠着一个大学好友的父亲帮忙，才在一个专利局找到了一份稳定的工作。这份工作薪水不高，但是比较空闲，这样爱因斯坦就有时间从事他心爱的物理学研究。

到了1905年，原本默默无闻地做着物理学研究的爱因斯坦突然爆发，一年之内就做出了三项震惊世界的重大发现，分别是狭义相对论、布朗运动和光电效应。由于爱因斯坦的惊人表现，后世的人们把1905年称为“物理学奇迹年”。

在爱因斯坦的三大发现中，光电效应是人类在理解量子世界的道路上迈出的第二步。这也让爱因斯坦获得了1921年的诺贝尔物理学奖。

在黑板前的爱因斯坦

在爱因斯坦的奇迹年——1905年，他提出了关于光量子的概念。这里我们要强调一下爱因斯坦的光量子概念与普朗克的光的量子说的区别。

普朗克提出了光的量子说，意思就是，光里的能量有最小的组成部分，但是这并不代表光由单个的粒子构成，也不代表光由很多单个的粒子构成。而爱因斯坦则提出：光是由单个粒子构成的。

当然也有人会说，牛顿不是早在几百年前就提出了光的微粒说吗？爱因斯坦提出的光量子的概念和牛顿的理论有何区别呢?

其中有一个最重要的区别就在于，在牛顿的概念里还没有基本粒子。牛顿只是说在光里面，也就是在所谓的波里面，有单个的粒子，波是由单个粒子组成的，但是他没有把光的粒子和能量挂上钩。把光的粒子和能量结合在一起的第一个人，就是爱因斯坦。

在 1905 年，距离普朗克提出量子概念的五六年之后，爱因斯坦在这一年 3 月发表的一篇论文里指出：这些量子其实是真实存在的，而不是假想中的一份一份的能量。这些量子有实体的能量，它们就是我们今天十分熟悉的光子。组成光的这些光子，从根本上来讲非常类似于物质里面的分子和原子。这就是爱因斯坦的概念与普朗克的概念之间的区别，以及爱因斯坦的概念和牛顿的“光的微粒说”之间的区别。

我们要再次强调，爱因斯坦的概念实现了粒子和能量的挂钩。而普朗克没有粒子的概念，他的理论中只有最小的能量单位，也就是量子的概念。牛顿虽然提出了粒子的概念，但是他没有提出每个粒子都是一份能量的概念。

那么，爱因斯坦是如何把能量和光子挂上钩的?

回答这个问题之前，我们先要回到普朗克之前提出的量子概念。普朗克认为，光是由一份一份很小的能量构成的。那么这一小份能量到底有多少呢?

我们在这里要回过头来好好思考和分析一下量子的能量到底有多大。

普朗克在 1900 年的论文中就已经指出，量子的能量与光的颜色有关，也就是与光的频率有关。光的一份能量，等于某个常数乘以光

的频率。

在这里我们有必要解释一下，普朗克提出的量子的常数，到底是一个什么样的常数。这个常数在量子力学里的地位实在是太重要了，我们一定要牢牢记住。这个常数叫作普朗克常数，它的数值非常之小，用数量级的概念来讲，只有 10^{-27}。

接下来我们要说的是它的单位，是尔格·秒。你可能会问，为什么普朗克常数的单位是尔格·秒呢？尔格是什么？尔格就是用长度以厘米、时间以秒、质量以克为单位计算出来的最基本的能量单位。我们知道焦耳也是能量单位，现在谈到的这个尔格单位比焦耳还要小得多，1 尔格等于一千万分之一焦耳。

现在我们来思考一下，为什么普朗克常数是能量乘以时间的单位呢？这就需要对普朗克公式本身进行分析。光中的一个最小的能量子具有的能量，是用普朗克常数乘以光的频率。

频率的单位又是什么？

当一个物体在振动，比如一个弹簧在振动，那么频率就是“弹簧每秒钟可以振动多少次”，所以，频率的单位就是秒的倒数。当我们说到一个能量子的时候，用普朗克常数乘以频率能够得到它具有的能量。普朗克常数的单位是能量乘以秒，因此这里的秒和频率单位的秒恰好能够抵消掉，我们就能够得出来一个能量的单位。

因为普朗克常数是如此之小，这个以尔格乘以秒为单位的常数只有 10^{-27} 这样的数量级，由此可见，光的一个量子是非常非常小的。

爱因斯坦认为，这个能量子的携带者本身就是一个基本粒子，这个基本粒子不是其他的东西，就是光子。爱因斯坦跟牛顿、普朗克不同的是，他第一次提出了光是由光子组成的说法。每一个光子具有的能量，就是一个普朗克常数乘以这种光的频率。

这种理论有什么用？爱因斯坦为什么会因为这个理论获得诺贝尔奖？他提出来的狭义相对论和广义相对论都没有获奖，却因为这样一个理论获奖了？爱因斯坦和普朗克的区别在于，他解释了另外一个实验。普朗克的理论能够做到的是，给定范围的光里面有多少能量、太阳每秒钟辐射多少能量，这些都可以用普朗克公式计算出来。但是普朗克没有涉及另外一个实验，就是我们所说的光电效应。

下面我们来讲讲，什么是光电效应。

物理学家在做实验时发现了一个现象：用光照射金属就可以从其内部打出电子。这并不奇怪。光可以把自身的能量传递给电子，使它获得足够的能量从而逃脱金属原子对它的束缚。但奇怪的是，这种现象依赖于光的频率。在一定频率之上的光，只要一照就可以从金属中打出电子；而在此频率之下的光，无论照多长时间也无法把电子打出来。这就很难理解了。因为在经典力学中，能量是连续的。打个比方，你要把一个大水缸里装满水。按理说，你用大脸盆一盆一盆地往里倒水，可以把水缸装满；你用小水杯一杯一杯地往里倒水，也可以把水缸装满。但现在光电效应实验告诉我们，用大脸盆可以把水缸装满，但是用小水杯就不能把水缸装满。

这是怎么回事?

爱因斯坦说，这是由于光本身并不连续，而是由一个个叫光子的微粒组成的。光子的能量取决于光的频率：频率越高，光子的能量就越大。

为什么用光子能解释光电效应?

很简单。如果一个光子的能量比较大，它传递给电子的能量也比较大，只要这个能量大到足以挣脱金属原子的束缚，电子就会立刻从金属里跑出来；但如果光子的能量比较小，它传递给电子的能量也比较小，要是这个能量一直小于电子逃出去所需要的最低能量，电子就得一直被束缚在金属内部。

爱因斯坦提出的这个概念很好地解释了光电效应，而且不仅解释了实验现象，还可以用来计算，比如可以计算出要打出一束光所使用的电流大小。

在大学中的实验室里，我们就可以做这个实验：用一束光照射到金属板上，我们会发现，当用一个手电筒来照射时，金属板上就不会发射出电子。原因很简单，因为手电筒发出来的主要是可见光，而可见光的频率不够高。如果我们用一束紫外光来照射金属板，就可以把电子打出去。因此，爱因斯坦提出的光量子理论的一个最大的成功之处就在于，他提出了光电效应。光电效应在日常生活中的很多地方都可以用到。

爱因斯坦在他的论文中提出了光量子的概念,这是他在1905年,也就是爱因斯坦的奇迹年里发表的一篇重要论文中的内容。这一年,他总共发表了两篇重要论文。另一篇论文是关于什么的?那就是相对论。

相对论论文发表的时间要比谈到光量子的论文晚两个月。狭义相对论发表于 1905 年 5 月。关于爱因斯坦其人，我们听说过很多关于他的故事。比如说他在 16 岁的时候就开始想象，如果跟着光跑会看到什么样的现象。正是这个想象，促使他提出了狭义相对论。但是他提出光量子的概念确实没有任何故事，因为在他小时候不可能想象光是由微粒组成的，毕竟在那时，普朗克还没有提出量子的概念。而在爱因斯坦 26 岁的时候，他正在专利局工作，做一个二级的专利员。这个时候，距离普朗克提出量子概念已经有五六年的时间了，爱因斯坦就自然而然地想出了量子的概念。尽管这一理论为他赢得了诺贝尔奖，但是实际上他并没有在这个想法上花费太多时间。对于光量子的概念，根据我们的猜测，爱因斯坦最多只花了几个月的时间来思考。其实在 26 岁之前，他把大部分时间都花在了思考相对论之类的问题上了。

从爱因斯坦 16 岁时开始想象跟着光跑会怎么样到 1905 年的物理学奇迹年的 10 年时间里，我想他并没有把这整个 10 年都花在研究狭义相对论上。他在上大学之后才有可能开始认真地研究狭义相对论。在爱因斯坦做专利员的这段时间里，他认真思考这件事情，并且在思考成熟的时候才抛出一篇论文，使得他成为物理学界的一个传奇。在发表光量子论文和狭义相对论论文之间，也就是 1905 年的 4 月，爱因斯坦还发表了另一篇论文，是关于布朗运动的。爱因斯坦利用布朗运动，间接测量出了一团气体或是液体中有多少个分子和原子。

这就是爱因斯坦和他的奇迹年。

第04课

不确定的世界可以有多大可能性？

在前几课中我们谈了量子论的历史，还有量子论的两个奠基人——爱因斯坦和普朗克。这是按照历史顺序来谈论的，和其他所有的教科书一样。但是我认为，如果想深刻地理解量子论，这样的顺序是不够合理的，因此让我们回到开头提到的量子力学的逻辑层面。

之前说过，我们眼前的万事万物，包括电脑、手机或者桌子等东西，都是宏观物体。而这些宏观物体无一例外都遵循牛顿以及他后来的继承者们所发展出来的一套物理学规律，我们把这些理论统称为牛顿的物理学系统。在牛顿的物理学系统中，一切东西都可以被预知，如太阳的升起和落下、月球的运行、扔出一个石子后它运动的抛物线。

以扔石子为例，当我们扔石子的力气、用力的时间以及扔出石子的角度确定以后，就可以精确地预言这个石子运动的抛物线。当然，这个抛物线可能不是严格的抛物线，因为石子还会受到空气中阻力的影响。如果我们把空气的阻力加进来，同样也可以精确地预言这个石子运行的轨迹。

在量子论之前，所有的物理学家以及大众都相信，物质世界是由决定论掌控的。拉普拉斯有个著名的说法：

只要你告诉我这个宇宙中所有物体的位置和速度，我就可以告诉你这个宇宙在未来任何时刻的严格状态，无论是一个小时，还是一年以后，或是一百亿年以后。其实，这样的已知世界是非常乏味的。因为这样，我们就能够知道宇宙所有的状态和所有人的命运了。

这就像我们以前说的，这个世界就好比是一座大钟，上足了发条之后就会一直走下去。这样的世界是一个遵守决定论的枯燥的世界。

但是，如果我们从物体的微观层面来讲，世界就大不一样了。

桌子里面有什么？用放大镜仔细观察，就会看到细胞。用更强大的显微镜观测，就能看到细胞里面的细胞核和细胞核里面的分子和原子。同理，我们把电脑拆开，能看到里面的集成电路，然后再拆分，最后观察到了分子和原子。如果更仔细地看，所有物体都由基本粒子构成，也就是比分子和原子更基本的粒子，如电子、夸克、光子及类似的基本粒子。

当我们深入到这个微观世界的时候，物理学规律就全部改变了。

换句话说，平常的物理学规律在 20 世纪的前 20 多年里被彻底颠覆了。

颠覆这些物理学规律的人都有谁？除了我们前面已经提到的普朗克和爱因斯坦，还有真正起到颠覆作用的另外两个物理学家：一个叫薛定谔（Erwin Schrödinger），一个叫海森堡（Werner Karl Heisenberg）。他们几乎在同一年分别提出了波动力学和量子力学。

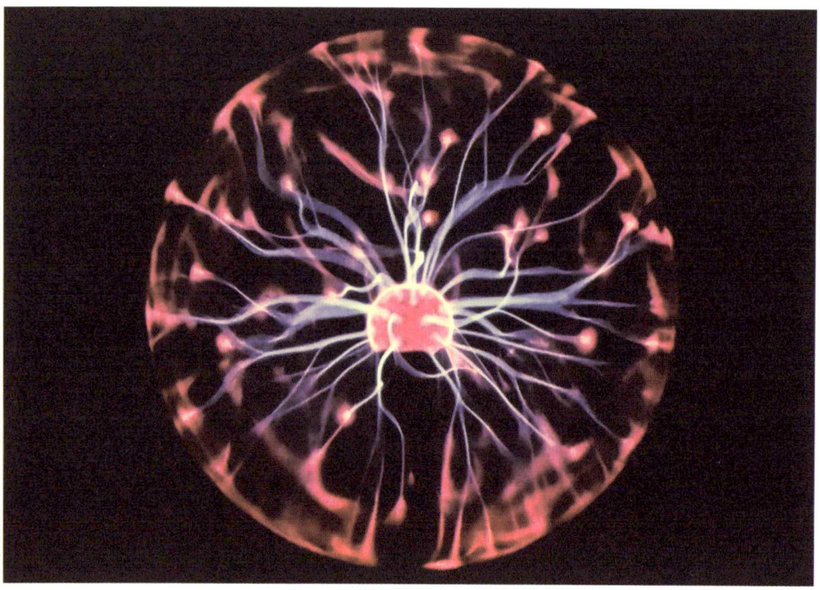

我们先来说说薛定谔的事迹。

薛定谔从小就特别聪明，因此他没有上小学，直接就上了中学，并且在中学里也是一个学霸。他的老师要是遇到不会做的题目，就会把薛定谔叫到讲台上来救场。

薛定谔对生物学也很感兴趣。他曾经写过一本书，叫《生命是什

薛定谔

么》，尝试从物理学的角度来解释复杂的生命现象。这本书影响极其深远，有六位诺贝尔奖得主都声称，他们获得诺贝尔奖的成果是受到了这本书的启发。

薛定谔是量子力学的奠基人之一。他发现了量子力学中最核心的方程，也就是所谓的薛定谔方程，从而获得了 1933 年的诺贝尔物理学奖。也正是通过薛定谔方程，物理学家发现在量子世界中，微观粒子能以一定的概率同时存在于很多地方。这种以概率来解释薛定谔方程的做法，被称为量子力学的哥本哈根解释。

但有意思的是，薛定谔后来加入到了反对哥本哈根解释的阵营，这一点很像爱因斯坦。爱因斯坦由于发现光电效应而获得了 1921 年诺贝尔物理学奖，并被誉为量子论的先驱之一。但爱因斯坦非常讨厌哥本哈根解释，为此还留下了一句名言：“上帝不会掷骰子。”薛定谔也是如此，他甚至还放过狠话：“如果量子力学真的只能用概率来解释，我希望我的名字将来不要出现在量子力学的历史中。”为了反对哥本哈根解释，他提出了著名的思想实验：薛定谔的猫。薛定谔的本意是用它来揭示量子力学的荒谬之处，没想到的是，薛定谔的猫不但没有驳倒哥本哈根解释，反而还为它的传播做了最好的宣传。

现在，我们来说说另一位在量子力学领域的奠基人——海森堡。

海森堡是在德国慕尼黑大学读的博士，博士生导师是索末菲（Arnold Sommerfeld）教授。这个人可能是世界上最厉害的博士生导师了。为什么这么说呢？因为在他的学生里，先后有七个人获得了诺贝尔奖，此纪录至今无人能破。在这七位获得诺贝尔奖的学生中，有一个人成绩差到当年几乎毕不了业，这个人就是海森堡。

慕尼黑大学当年有两个大牌的物理学家，一个是做理论的索末菲教授，另一个是做实验的维恩（Wilhelm Carl Werner Otto Fritz Franz Wien）教授。博士答辩的时候，这两个教授会分别给学生打分，分数从高到低分为A、B、C、D、F五档。学生们只要平均成绩能达到C，就可以毕业。在海森堡博士答辩的时候，维恩教授问他显微镜的分辨率该怎么算。这个问题对一个名牌大学的博士生来说，应该是很简单的。但是，海森堡当时就被这个问题给问傻了。维恩教授看海森堡连这么简单的问题都不会，一怒之下就给了他一个“F”。幸好索末菲教授护着自己的学生，给了他一个“A”，这才让海森堡以“C”的平均成绩勉强毕业。据说这个成绩，在慕尼黑大学的博士毕业生里排在倒数第二。有趣的是，后来海森堡正是通过计算让他栽过跟头的显微镜分辨率，才得以发现量子力学的不确定性原理。

当薛定谔提出波动力学理论时，海森堡在几个月之前提出了量子力学。虽然这两个理论的表达方式完全不一样，甚至里面应用到的基本的物理学的量也不一样，但是后来很多物理学家都证明，波动力学和量子力学其实就是一回事。

爱因斯坦认为，光虽然是波，但它不是连续的，是由光子构成的。但是在薛定谔看来，不仅光是波，所有的一切都是波：水波、声波和光波等，这些东西都是连续的，并不是由一份一份的基本粒子构成的。电子是波，光子是波，基本粒子也是波，因此他提出了波动力学理论。

海森堡的想象更是天马行空。他认为，其实电子既不是波也不是粒子。为什么电子不是波？因为它是单个出现的。为什么电子不是粒子？因为当我们谈到一个粒子的时候，会认为它有位置和速度。

比如，我的手机放在桌子上，我可以告诉你它放在什么位置，它此时是静止的，因为没有速度。当我把手机扔出去，我可以告诉你下一个时刻它的位置以及速度。如果有基本粒子这回事的话，就好比电子，也应该有位置和速度。但是海森堡可以接受电子的存在，却不能接受电子同时有一个位置和速度。也就是说，海森堡口中的电子颠覆了我们以前关于基本粒子的概念。

当谈到粒子时，我们总要想象某一个东西，在某一个时刻出现在什么地方、它的运动速度是多少。这是我们关于基本粒子的一个基本概念。

可是海森堡说，基本粒子虽然存在，但是不能同时谈论它的位置和速度。他并没有解释原因，因为这个世界就是这样的。海森堡说：“当我谈论一个电子时，要么只谈论它的位置，要么只谈论它的速度，所以，它的量子力学要么是由它的位置构成的，要么是由它的速度构成的。”当然，我们现在不会从数学的角度重复海森堡的量子力学是怎么回事，而主要是指出他思考的奇特之处，也就是说，我们不能像以前谈论石头、手机、汽车那样来谈论基本粒子。

现在来看看原子，原子里面有原子核和电子。一个原子核是一个实体，但是我们不能同时谈论它的位置和速度。同样，当电子绕着原子核转的时候，我们也不能想象它有一个确定的轨道。换句话说，电子绕着原子核转的轨道是不确定的，跟地球绕着太阳转时有确定轨道不一样。这也是海森堡和原先的物理学家观点的不同之处。

下面讲另外一个人。一提起科学家，很多人脑海中立刻浮现出一个陈景润似的身单力薄的形象。但事实上，科学家中也有不少肌肉男，其中最典型的例子就是玻尔（Niels Henrik David Bohr）。玻尔年轻时是一个非常有名的足球运动员，他还有一个后来当了数学家的弟弟。比他更厉害的是，他的弟弟曾经代表丹麦国家足球队参加过奥运会，并且获得了奥运会的银牌。兄弟俩都曾效力于哥本哈根大学足球队。这是一支很强的球队，多次获得丹麦全国比赛的冠军。玻尔是这支球队的替补守门员。为什么是替补呢？刚才说过，玻尔所在的球队很强，一般都是他们去围攻对手的大门，很少会被别的球队威胁自己的球门。

作为这支强队的守门员，玻尔绝大多数时间都是很闲的。为了打发时间，他养成了一个“坏”习惯，就是在空闲的时候找几个物理题计算。有一次，他们球队和一支德国球队比赛，玻尔又习惯性地算上物理题了。结果德国球员发动反击的时候，看到对方守门员在发呆，就选择直接远射吊门。玻尔还沉浸在物理的世界里，根本没注意到发生了什么事，就被德国人攻破了球门。玻尔球队的教练勃然大怒，从此以后，玻尔就被贬为替补守门员了。

如果按历史的顺序来谈，我们第三个一定要谈到玻尔。但按照我们的逻辑顺序，暂且不着重说玻尔在量子力学方面的贡献，而是放到以后的内容中来讲。

在这里要讲的是，玻尔提出了一个理论：他认为在一个原子里面，每个电子都有一个固定的轨道，而每个轨道都在变化。同时，这种变化是一种突然的变化。例如，在氢原子里面只有一个原子核和一个电子，电子围绕着原子核运动，而这个运行轨道呈现出分裂的状态。也就是说，原子中有一些分散的轨道存在。其实，玻尔的理论不是完全错误的，因为他把电子按照我们通常认为的粒子状态来进行描述和解释。但是在海森堡的理论中，根本不存在轨道的概念。当我们谈论轨道的概念时，谈论的是某一个时刻电子在什么位置，它的速度是多少。而海森堡认为，当谈论电子的时候，只能谈论它所在的位置的可能性有多大，它的速度的可能性有多高。这样一来，电子就变成了模糊的一片，这就是电子云的概念。对于下一个时刻电子在什么地方、下一刻电子的速度是多大，我们只有模糊的概念。我们能知道下一刻电子所在的大概位置，但是它的速度不能确定；或者能知道下一刻这个电子的速度，但是它的位置完全不确定。

海森堡用我们完全不熟悉的语言写出了量子力学理论。他认为，所谓电子的轨道一说本来就是牵强的，根本就不存在轨道。电子在原子里面是模糊一片的，但是当一片模糊的电子——也就是像云雾一样的东西变得很大的时候，才可以验证玻尔的结论。这个时候，轨道的概念才成立。这片电子云有点像缩小的太阳系的模型。这个理论是海森堡的一个巨大成就。

在这里要强调的是，薛定谔的波动力学与海森堡的量子理论是完全等价的。薛定谔的理论也达到了一个同样的高度，他提出了电子是波的概念。电子是波，这就和电子云十分类似。所以在薛定谔的理论中，我们也可以了解到电子像云一样，是一团模糊不定的东西。同时，薛定谔通过波动力学也得出了玻尔的结论，或者说，他得出的结果和海森堡的理论结果是一样的。

在薛定谔的波动力学和海森堡的量子力学中有一个重要的概念，就是量子态。当谈到一个量子态的时候，我们会说这个基本粒子正处于某一个状态中。在这个状态里，这个基本粒子有一个固定的能量（特别是在原子中），但是没有固定的位置和速度。在这一点上，薛定谔和海森堡的观点是完全相同的。只不过薛定谔认为这个能量是波，而海森堡认为不能同时谈论粒子的位置和速度。通过使用方程，他们两个可以严格推算出一个原子的能量状态，以及在这个原子里面的电子的态是什么。既然能够计算出电子的态，那么就可以计算出整个电子的能量，以及把所有的电子加起来的一个原子的能量。这样一来，海森堡和薛定谔就很好地重新解释了原子结构。不但如此，他们得到的结论比玻尔的原子模型还更加精确。他们不但能够得出玻尔的结果，还可以做出更加精确的预言。

以上所说的新的量子论超越了旧的量子论，接下来我们稍稍回顾

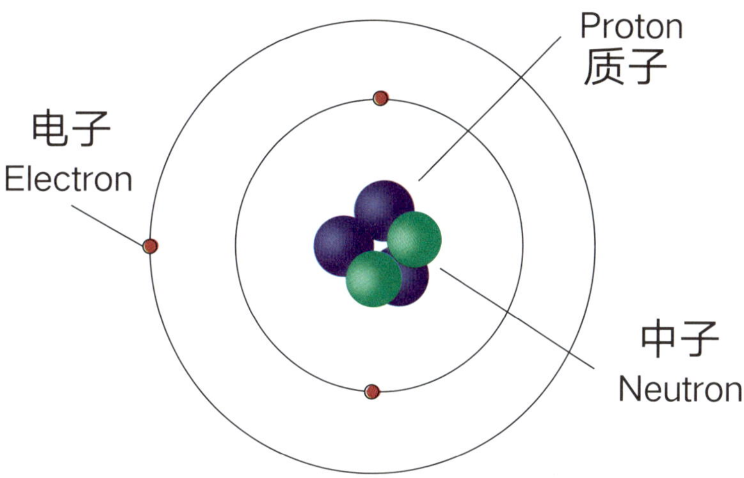

原子模型

一下玻尔提出的旧的量子论。

在玻尔的量子论里面，每个基本粒子都有自己确定的位置和速度。比如，在氢原子里面，氢原子核有固定的位置和速度，围绕着原子核转的电子也有固定的位置和速度。但是玻尔认为，电子的能量不是连续的，而是一份一份的，这跟普朗克的理论有点相似。当电子绕着一个轨道运动的时候，它只能在释放出来的能量上面运动。这就是说，在一个具体的原子中有一个具体的电子，这个电子的轨道不能是任意的，它只能是在满足这个能量的轨道上存在。

这就是玻尔在 19 世纪初期提出的旧量子论。玻尔的量子论只是粗略地解释了原子的结构。因为他假定了电子和原子核都有固定的速度和位置，所以他的理论在数值上有一点误差。

真正严格的理论，就是薛定谔的理论和海森堡的理论，尽管我们很难想象他们的理论。电子怎么会是波呢？为什么会有不确定性原理？但神奇的是，这两个等价的理论严格地预言了原子的结构，严格地预言了原子的能量是多少，比玻尔的量子论更加精确。我们前面说过，一个电子不能同时有固定的位置和速度，不能有固定的轨道。这是我们无法想象的一个新世界，但是薛定谔和海森堡的理论预言是非常精确的。这就使得我们不得不接受这个理论，同时不得不接受不确定性原理。

也就是说，电子、原子以及其他基本粒子不会像我们想象的那样，像一块石头一样，有一个固定的轨道。它没有轨道，而是呈现出一团云雾的状态，在任何时刻我们都不能说它有一个具体的位置和速度。我们必须接受薛定谔和海森堡的理论，因为他们得出的结论是通过实验进行验证了的，这就是量子论神奇而又不可思议的地方。

第 05 课

海森堡：你永远只能 get 到一半的世界

在这一课当中，我们要谈谈物理现实和海森堡的发现之间的关系。

说到物理现实，我们总感觉已经很熟悉了。通过日常生活的经验，我们能够看到一切事物以及它们运动的规律。当然，我们的日常经验依然是牛顿的机械力学里面的规律，也就是万事万物的运行规律。这些规律以及所有物理状态不但是确定的，而且是可以预言的，知晓了这一时刻，就能知道下一时刻，这就是我们日常生活中的物理现实。

可是到了海森堡时代，物理现实完全被颠覆了。当然，这里谈到的物理现实指的是微观世界中的物理现实，也就是我们平时用肉眼看不到的物理现实。那么在谈论这些微观的物理现实到底是什么样子之前，我们要先聊一聊海森堡和爱因斯坦、玻尔等物理学家之间的继承关系。

说到 20 世纪的大物理学家，我们首先会想到爱因斯坦。像爱因斯坦这样的科学家，几百年才出现一个。同时我们还知道玻尔，上一课中刚提到过他。我们都喜欢将玻尔和爱因斯坦看作是 20 世纪上半叶最著名的两位物理学家。爱因斯坦最伟大的成就在于 1915 年建立了一个引力理论，也就是所谓的广义相对论。不过爱因斯坦刚

想象一个爱因斯坦的相对论世界

提出广义相对论的时候，并不像今天这么有名。因为那时候的人们都不愿意接受广义相对论，相反他们更愿意接受牛顿爵士的万有引力理论。一直到 1919 年，爱因斯坦才真正名动天下。

下面我们来说说在这期间发生的趣事。

和牛顿爵士的万有引力理论相比，广义相对论有好几个新预言。其中最早的一个是，当光线经过太阳这样大质量的物体时，会由于引力而发生弯曲。要想超越牛顿爵士，爱因斯坦必须等到有相应的实验来支持他的预言。但是光线弯曲的程度非常小，一般情况下根本看不见，只有发生日全食的时候才有可能看到。

爱因斯坦苦苦地等了四年，才终于等到一次大型的日全食爆发。1919 年，广义相对论最忠实的信徒之一、英国著名天文学家爱丁顿（Arthur Stanley Eddington）出马，组织了两支科考队分赴非洲和南美洲观测日全食。他们回到英国后宣布，光线经过太阳时的确发生了广义相对论所预言的弯曲。这个发现轰动了全世界，也让爱因斯坦一举登上了科学的神坛。

搞笑的是，作为相对论之父的爱因斯坦，居然也因为这次实验而被人调侃不懂广义相对论。在爱丁顿观测的当晚，爱因斯坦紧张到一夜没睡。后来爱因斯坦失眠的消息传到了爱丁顿的耳朵里。他对此评论道："这说明爱因斯坦本人也不是很懂相对论，否则他会像我一样睡得安安稳稳的。他根本没必要担心，广义相对论肯定是对的，不然我会为仁慈的上帝感到遗憾。"

不可思议的是，就在广义相对论提出后的第100年，爱因斯坦的预言竟再次轰动全世界。广义相对论有好几个预言，其中最后也是最难证实的预言就是引力波。可能有人已经意识到，引力波的发现正是近几年传遍世界的大新闻、大热点，这让爱因斯坦的名字又一次响遍了全世界。

说完爱因斯坦，我们有个疑问：为什么玻尔的地位这么高？因为，除了我们前面谈到的普朗克和爱因斯坦之外，玻尔也是量子论的鼻祖之一。这里我们来简单了解一下玻尔取得的成就。

玻尔是一个伟大的科学家，同时也是个非常有人格魅力的领导者。他在他的母校哥本哈根大学创建了著名的玻尔研究所。曾经有32位诺贝尔奖获得者在这里工作、学习和交流，这让玻尔研究所在20世纪二三十年代成为国际物理学研究的圣地。

有一次，玻尔去苏联科学院访问。有人问他："请问您用了什么办法，把那么多有才华的青年人都团结在了自己的周围？"玻尔笑着回答："因为我不怕告诉年轻人我是傻瓜。"结果翻译一紧张，

把这句话翻成了“因为我不怕告诉年轻人他们是傻瓜”，顿时引起了下面的哄堂大笑。原来苏联人所熟知的苏联物理学泰斗朗道（Lev Davidovich Landau），就喜欢这么对待学生。

玻尔提出了一个与实验高度吻合的氢原子模型。在这个模型中，一个电子在绕着一个氢原子核转，就像地球在绕着太阳转一样。更关键的是，电子的轨道是量子化的。换句话说，电子只能在一些特定的轨道上运动，而且这些轨道是分立的。打个比方，这些电子的轨道有点像学校操场上的跑道，而电子就像是参加学校运动会的赛跑运动员，只能在自己的跑道上跑步。正是由于这个工作成果，玻尔获得了1922年的诺贝尔物理学奖。

玻尔将量子论延续到了物质的结构，特别是原子的结构和分子的结构。这就是为什么无论是在物理学界还是在普通人心中，玻尔和爱因斯坦是一样伟大的。

我们既然之前谈到了海森堡，就不得不说，海森堡在物理学家心目中，尤其是在研究理论物理学的物理学家心目中的崇高地位。他的地位其实并不亚于玻尔，甚至比玻尔有过之而无不及。在我个人看来，20世纪上半叶最伟大的物理学家，排在第一位的是爱因斯坦，其次就是海森堡。

为什么说海森堡应该被看成是20世纪上半叶第二了不起的物理学家呢？关于这个问题，我们需要先谈谈英国物理学家戴森（Freeman

Dyson），也就是我在《宇宙的一生》这本书中谈到过的，提出“戴森球理论”的戴森。

戴森是个非常了不起的跨界物理学家，在研究物理学之外还常常思考生命的意义，以及生命在未来的存在方式。所以，我觉得戴森是一个独一无二的科学家。他曾经对科学家进行过分类，这点非常值得我们重视。他认为，科学家有两种类型，一种是刺猬型，一种是狐狸型。刺猬型的科学家只擅长一种技能，但是会把这个技能发挥得淋漓尽致。狐狸型的科学家善于跨界，可以了解很多不同的学科和方向。所以，刺猬往往能够得出颠覆性的结论，得到改变我们世界观的发现，而狐狸可以把刺猬的发现在不同的方向上发扬光大。

说完戴森对科学家的分类，我们再看海森堡。以戴森的理论看来，海森堡是一个典型的刺猬型的物理学家。也就是说，他把一项技能发挥得淋漓尽致。从物理学家的工作方法来看，海森堡是非常接近爱因斯坦的。因为他对物理学、物理世界和物理现象有非常深刻的洞察力，有很强的图像化直观能力。我们并不知道海森堡是如何发现这些东西的，只知道他突然就发现了。我们不得不惊叹，海森堡有点像爱因斯坦，如同神一样的存在。

然而，海森堡在著名物理学家中是一个异类。

为什么这么说？

因为很少有大牌物理学家像他一样不擅长数学的。海森堡读博士时研究的是湍流，就是我们平时看到的那种江水、河水流动很混乱的现象。研究湍流需要解一个很复杂的方程，但是海森堡数学不好，解不出来，弄得差点都毕不了业。不过海森堡有一个很大的优点，就是他的物理直觉特别好。也就是说，他虽然搞不懂中间过程，却善于跳过过程直接得到最终的结果。海森堡猜出了一个此方程的近似解，拿到了博士学位。结果这个为了毕业乱猜出来的解答，几年后被一些数学家证明居然是正确的。

说完了海森堡在物理学界的地位，我们回过头来谈一谈海森堡对物理世界最深刻的洞察之一。他说：物理世界中的物理现实，只有那些我们能把握的性质，以及那些能被测量的物理量才是真实存在的。这件事情本来是一个常识，为什么反而会被海森堡强调得非常特别呢？为什么会成为他对物理学的重大贡献之一呢？

我们在谈论一块石头的时候，会说这块石头现在处于什么位置、它的运动状态是怎样的。所谓的运动状态就是指它的速度，也就是它每秒可以移动多少米。那么我们在谈论电子的时候也一样，要谈到电子的位置和速度。

可惜的是，现在还不存在一种手段，能够同时让我们测定出电子的位置和速度。这是为什么呢？举例来说，在使用电脑的时候，常规的电脑显示器发光的方式实际是把电子打到荧光屏上，出现亮斑。传统的电视机也是这样的，把位于电视机后面的电子管释放出的电子打到荧光屏上，发出彩色的光。通过亮斑，我们就知道了电子的位置。所以，把电子打到荧光屏上是一种测量电子位置的方式，但是这种方式没法测量电子的速度。

那么，该怎样测量电子或者其他基本粒子的速度呢？物理学家有很多办法，有一种普通的办法是使用量能器。量能器是一种能够测量一个粒子的能量的仪器。为什么说测量出粒子的能量就能测量出它的速度呢？这其实是一个普通的物理学常识。

在高中时我们就学过，一个物体的能量跟它的速度有关。最简单的关系就是牛顿力学里面说的，能量跟速度的平方有关。我们把一个物体的速度提高一倍，它的能量就以平方的方式翻倍。比如，一个电子的速度是另外一个电子的速度的两倍，那么这个电子的能量就是另外一个电子能量的四倍。所以，我们使用量能器就能测量出电子的能量，进而确定电子的速度。但是，任何量能器都不可能有荧光屏那样的功能，因为荧光屏只能用来测量电子的位置，而量能器是用来测量电子的速度的。所以，量能器没有办法精确地测量电子的位置，甚至完全没有办法测量电子的位置，这就是海森堡所说的微观世界中的物理现实。

这个物理现实到底是什么？就是对于基本粒子来说，当我们能够测量它的位置时，就完全没有办法测量它的速度；当能够测量它的速度时，却完全没有办法测量它的位置。换句话说，我们只能了解微观世界的一面，而另一面完全看不到。

我们知道，还有另外一个表达速度的方式，物理学家称它为动量。在牛顿的理论中，速度和动量之间是存在线性关系的。当速度提高两倍时，动量也会提高两倍。也可以说，当我们在测量速度的时候，就是在精确地测量动量，这两个量基本上描述的是同一个事情。

在谈到对物理世界和物理现象的看法时，就不能不谈到另一件逸事。在发现量子力学之后，有一次海森堡找爱因斯坦聊天。海森堡对爱因斯坦说："我终于明白您教给我们的一个真理，那就是，在物理学中，只有可以被测量的量才能被写进方程，才能进入理论。"爱因斯坦对他笑了一下，说道："现在我的想法变了，只有理论里出现的量才是可以测量的量。”

我们可以仔细去品味海森堡和爱因斯坦的交谈，尽管他们的看法有点不同，但是都有自己深刻的观点。当我们在谈论物理现实的时候，我们的理论只能谈物理现实；但是当我们在思考物理理论的时候，同时也在思考物理现实。

关于量子力学的发现有多种说法，其中有一个非常流行的说法是这样的：1925 年，海森堡在度假的时候，他开始重新思考玻尔的原子论和原子模型，并由此发现了量子力学。这是一个改变世界的发现，海森堡把它写成了一篇著名的量子力学论文。在这篇论文里面，海森堡得出了和玻尔完全不同的结论。关于这个结论，我们将在下一课中讲述。

第06课

“不确定”不是我们的办法有问题，

而是我们根本没有办法

我们在前面谈到过，海森堡是如何发现量子力学的。

在 24 岁那年，海森堡得了很严重的过敏性鼻炎，没法工作了。然后他跑到一个叫赫尔格兰的小岛上去度假疗养。这个岛光秃秃的，没有树，没有花，没有草。海森堡住在这个光秃秃的小岛上，过敏性鼻炎竟好了，他脑子也因此清醒了。在这期间，他揣摩原子和原子光谱的关系，终于发现了划时代的量子力学。这一课中，我们来谈一谈“世界是不确定的”，以及海森堡的发现和“世界是不确定的”之间的关系。

海森堡意识到，当我们去测量电子的位置时，就完全不能测量它的速度；当我们测量电子的速度时，同样也完全不能确定电子的位置。这个发现本身就告诉我们：世界是不确定的。要想预言一块石头在下一刻的位置在哪里，就要知道石头此刻的位置在哪里，以及此刻石头的速度。就是说，只有知道了这个石头大概离我们有多远，并且知道石头向我们飞过来的速度是多少，才能预言它下一刻在什么地方。那么，我们就必须同时知道石头的速度和位置。但是，海森堡告诉我们，不能同时测量到电子的速度和位置。就是说，我们没有办法预言电子在下一时刻的位置。这就说明电子在下一刻的状态是不确

定的，而且是在原则上的不确定。这并不意味着我们的方法有问题，而是我们根本就没有办法。这就是海森堡的量子力学的精髓。

这个不确定性原理跟原子有什么关系呢？让我们再回过头来说说玻尔的原子。玻尔在研究原子的时候，受到什么样的启发呢？在这里就要谈到19世纪下半叶的一个非常重要的物理学分支，这就是光谱学。

当我们在燃烧煤炭的时候，可以测量这块煤炭发出的光的频率以及光的颜色。或者，把一块铁熔化的时候，铁的温度就会变得非常高，同时也会发出光。现在我们还有激光器这样的科学仪器，可以测量物体发出的光。所有这些东西发光都是因为原子的作用。也就是说，当我们把一个原子加热到一定温度时，它就会发出光来。这是什么道理呢？接下来，就来谈谈玻尔发现原子模型的背景。

我们以氢原子为例进行解释。氢原子是一个什么样的结构？它的中间有个原子核，原子核外面有个电子在绕着它跑。根据我们传统的、日常的经验，电子是有轨道的，电子的行为是确定的。测量电子时，可以计算出此刻它离原子核有多远、下一刻它又在什么位置。如果把每一刻电子所在的位置都描绘出来的话，电子就有了一个确定的轨道。玻尔也是这么想的，他认为电子在原子里面有确定的轨道。但是这些轨道不是任意的，不像我们通常想的那样。如同地球围绕着太阳运转，尽管地球距离太阳约 1.5 亿千米，但是仍然有一个轨道。如果我们想象有一个神奇的力量把地球拉近太阳一点点，这个轨道仍然存在。

那么在原子里面，是不是可以把电子挪近原子核一点点，又或者把电子和原子核之间的距离拉开一点点呢？玻尔说不可以。他认为电子只能在一些具有确定性的轨道上运转，而这些轨道是可以计算出来的。当然，这些轨道有很多，或者说有无限多个。这无限多个轨道都不是任意的，而是可以用自然数来标记的，比如第一个轨道、第二个轨道、第三个轨道和第四个轨道等等。玻尔又是如何发现这些轨道可以用整数标记的呢？

在 19 世纪下半叶，一些实验物理学家发现，氢原子发出的光的频率也可以用整数来进行标记。光谱并非如同我们想象的那样，是连续性的一个长条，而是一条一条分开的。这就说明，电子在原子里面的轨道必须是能够通过整数标记的，是一条一条分开的，而不是连续变化的。

玻尔的这个发现，对量子力学来说非常重要。因为他说明了电子的轨道是一条一条变化的。其中有一个常数也被引入了，这个常数就是普朗克常数。

为什么说玻尔对量子力学做出了重要贡献呢？就是因为他标定的轨道里面有普朗克常数，而这个常数是量子力学里一个非常重要的常数。这就有点像普朗克发现光的能量子也就是量子一样。我们把所有可以通过这样分开的整数来量度的东西，统称为量子。所以从某种意义上来说，玻尔发现了原子里面的量子，也就是原子的能级。能级是

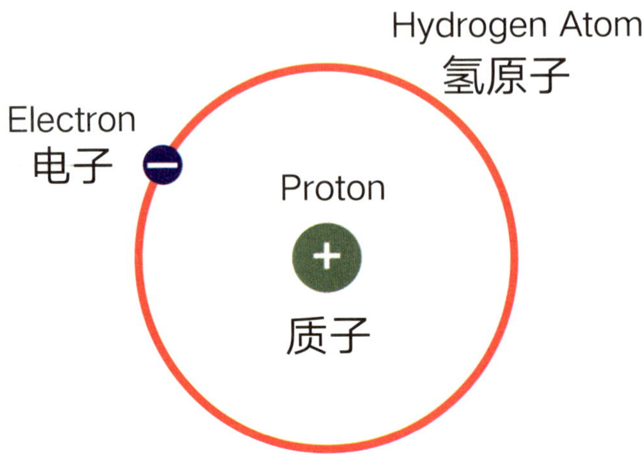

氢原子结构

一条一条分开的，当电子从一个轨道上跳到另一个轨道上，也就是从一个能级跳到另一个能级上时，它发出来的光是一条一条分开的。而在氢原子里面有一个著名的光谱，叫巴耳末谱线。玻尔用自己的理论，精确地重新计算出巴耳末谱线，这是玻尔了不起的成就。当然，玻尔能把氢原子的一个简单模型推广到所有的原子上，这也是玻尔了不起的地方。

前面讲过，到了海森堡那时候，物理世界完全被颠覆了。它不再是我们看到的物理世界，而是完全没有办法想象的物理世界。在这个物理世界中，只能谈论一个基本粒子的一面，而不能同时谈论它的两面，就像硬币一样。当然，在物理世界里可以谈硬币的两面，但是当我们看一个硬币的时候，却只能看到它的一面，而不能同时看到它的两面。这就是海森堡对物理学最大的贡献。海森堡又是如何通过他的这个贡献，重新计算出玻尔的能级呢？这个就是他在小岛度假的时候思考出来的。海森堡思考的过程是非常具有跳跃性的，我们没有办法来还原。

氢原子的巴耳末谱线

但是他的思路，我可以大致讲一下。

还是以氢原子为例。氢原子的能级可以被观测到。我要强调的一点是，当我们观测到一个电子围绕着一个氢原子的原子核运动，并且有一个固定的能量的时候，就没有办法谈论它的位置和速度。

如何测量能量呢？通过玻尔的简单氢原子模型来看，当电子从一个能量的状态跳到另一个能量的状态，要辐射一定能量的光，而这个光的光谱是可以被测量的。通过爱因斯坦的理论，光辐射出来的光子的能量和它的频率有关。所以，当我们测量出这个光子的频率的时候，就确定了当这个光子从氢原子里跑出来的时候，它的能量是多少。测量了光子的能量，也就确定了这个电子从哪个轨道上跑到另一条轨道上。在海森堡这里，是不被允许谈论轨道的。因为电子不存在轨道，而只能说从一个能量的状态跳到另一个能量的状态。那么，对于海森堡来说，能量是可以被测量的，可以被谈论的，也是可以被确定的，这是电子的一个性质。

电子还有另外一个性质：它不是随随便便从一条轨道跳到另外一条轨道上的。或者用海森堡的理论来说，它不是随随便便从一个能量状态跳到另一个能量状态中的。发生这种转移的概率，即可能性，是可以被测量的。

那么，如何测量这种可能性呢?

一个氢原子发出的谱线的亮度是可以被测量的。从直观上来看，这个亮度一定跟这个电子从一个能量状态跳到另一个能量状态的概率有关。概率越大，它的亮度越大，也就是说，电子转移的可能性就越大。于是，海森堡认为，一个电子从一个能量状态跳到另一个能量状态的概率是可以被测量的，因为这个谱线的亮度是可以被测量的。所以，海森堡的理论中就有了两个可测量的量，一个是能量状态的量，一个是从一个能量状态跳到另一个能量状态的概率。于是，他把这两个量放到一起来计算，就发现了量子力学。当然计算的过程非常复杂，最终的结果就是著名的不确定性原理以及所谓的对易关系。

对易关系其实是一种非常抽象的概念，我们来简单描述一下。

在同时谈论电子的位置和电子的速度时，它们之间有个不确定性关系。也就是说，当我们完全确定了电子的速度的时候，它的位置是完全不确定的；当我们完全确定了电子的位置的时候，它的速度又是完全不确定的。这里我们用到的词语是“完全确定”和“完全不确定”。当然，我们也可以给出一个电子的大概位置，以及大概速度，也就是大概的误差范围，这两个量的误差之间有一个关系，这就是海森堡提出的不确定性关系。这个关系可以写成一个非常抽象的公式，它所代表的就是不可对易性。

接下来我们说说另一位量子力学的奠基人——狄拉克（Paul Adrien Maurice Dirac）。1925 年 9 月，狄拉克还在剑桥读研究生。他学的是工科，且他的数学非常好，也有一定的物理直觉。然而，他的物理直觉与数学的关系，和海森堡的物理直觉与数学的关系并不一样。其实这也是一个不确定性原理：当你的物理直觉能力特别强的时候，数学能力就相对差一点；当你的数学能力特别强的时候，物理直觉就会相对差一点。所以，海森堡的物理直觉特别准，但是他的数学能力没有那么强；而狄拉克的数学能力特别强，但是他的物理直觉就没有那么准了。

因为一个偶然的关系，狄拉克在科学刊物上看到了海森堡发表的关于量子力学的基本论文——关于位置和速度的不确定性关系。狄拉克注意到：尽管这是一个很抽象的关系，但是里面出现了普朗克常数。这是在牛顿力学里没有的一个常数。我们在之前也谈到过，这个常数非常小，小到在宏观世界里，这个常数完全可以忽略不计，可以认为它就是零。但是到了微观世界里，它就不是零了，并且变得非常重要。它确定了原子的能级，也确定了光谱的强度。狄拉克看到这个抽象的关系时，他想到，尽管这里面出现了一个普朗克常数，但是这个关系看起来很像牛顿力学里的某种关系。他为了验证两者之间的关系，去图书馆找到经典的牛顿力学的教科书，并且从书里找到了牛顿力学的公式。不出所料，他发现确实如此：海森堡的公式和牛顿力学中的公式很像，只差了一个普朗克常数。这就是狄拉克的一个著名的故事，说明他的数学能力特别强。

除了在物理学领域做出的卓越贡献，狄拉克还在宇宙学方面有自己独到的见解。我之前在《宇宙的一生》这本书中讲到过反物质，狄拉克就曾预见了反物质的存在。在 20 世纪 30 年代，他还提出，宇宙中有可能存在磁单极。至于磁单极是什么，在这里不再过多地扩展了。我们只需要知道，如果磁单极真的被证明存在的话，现有的物理理论将会发生巨大的变化。这就是狄拉克，一个量子物理学的先驱。

而在量子力学已经成型之后，狄拉克和海森堡成了好朋友。那么狄拉克是如何评价他这位好朋友的呢？

可以这样说，狄拉克对海森堡的评价很高。他曾经说过，海森堡站立的高度是他永远无法想象的。

他举了一个例子。有一次，他们一起登山，到了一个悬崖上面，看到悬崖上伸出一块巨大的石头，狄拉克已经头晕眼花了，而海森堡则跳上了石头，下面就是万丈深渊。狄拉克说："这才是海森堡。他可以在物理学中站到悬崖上面，站到一个没有人的地方，一个别人都不敢去的地方。"

很多物理学家都对海森堡有很高的评价，因为他的物理直觉非常强。我们甚至无法知道他的这种物理直觉从何而来，就像我们无法知道乔布斯是如何从带有键盘的手机一下子发明出了没有键盘的iPhone，这是一种跳跃性的创举，海森堡也是如此。

接下来我们谈谈这一课内容的主题：世界是不确定的。

我们已经谈到电子是不确定的，现在再回到玻尔的原子模型。前面说到玻尔的时候就指出：在原子里面，电子的能量状态是一个一个的。对玻尔来说，电子还有轨道。其实，玻尔所说的轨道从某种角度来讲也反映了海森堡的不确定性原理。

如何理解这句话的意思呢？

我们想象一个电子轨道，它的半径很大，也就是说电子距离原子核的平均距离比较远，这是非常简单的物理直觉。当电子离原子核非常远的时候，它的运动速度就比较小。

这个时候我们有没有想到不确定性原理呢？就是当电子的速度比较小的时候，电子的速度比较确定，但是它的位置更加不确定。为什么会这样？因为它的轨道更大了，你不知道它在原子核的左边还是右边，不管电子在哪一边，它离原子核的距离都非常远，以至于它的位置变得更加不确定。所以从这个角度讲，玻尔发现的关系，恰恰印证了海森堡的不确定性原理。

在玻尔的原子模型里，电子的轨道半径乘以电子的运动速度，是一个整数乘以一个普朗克常数。这个关系有一些抽象，但是这个公式告诉我们，尽管玻尔认为电子有确定的轨道，但他所认为的轨道也反映了不确定性原理的一个侧面。

谈到不确定性原理，就不得不说到海森堡和玻尔之间的一次著名的争论。

这个争论发生在量子力学被发现之后。海森堡发现了不确定性原理后，去跟玻尔讨论这件事情。他们吵了一天一夜，结果海森堡被吵到了病床上，因为他已经筋疲力尽了。当然这个是后话。

第 07 课

当我们谈论量子的时候，波发生了什么？

在前面的内容中，我们着重说了海森堡的量子力学，以及海森堡发现量子力学的来龙去脉，还了解到量子力学背后的重要原理——不确定性原理。从这一课开始，我们要谈论粒子与波。

从逻辑上来讲，一说到量子力学，就不得不提两个人，一个是海森堡，另一个是薛定谔。他们两个人提出了新的力学、新的物理学的基本原理——量子力学和波动力学。这两种理论虽然在表面上看完全不同，但是在逻辑上看完全等价。

波动力学，就是把物质都看成波，然后再写出它们的物理学规律。海森堡的量子力学中没有谈到波，而薛定谔把粒子看成波，但是这两个看法并不矛盾。关于薛定谔是如何发现波动力学的，以及波动力学的内容，我们在下一课中会讲到。在这一课里，首先要了解一下粒子和波之间的关系。

我们先来回顾一下什么是波。

在日常生活里有很多我们熟悉的波，比如，听手机里的音乐时，是通过什么波听到的？是声波。无论用什么样的设备来听音乐，一定是这个设备发出了振动，产生了声波。这个声波通过振动传到我们耳膜里，耳膜便也开始振动，大脑再把这些振动转换成有意义的信息。另一个我们熟悉的波就是水波。当我们向河里丢石子后，就会看到河面上有一圈一圈的波纹发散出来，这就是水波。

在这里还要普及一下波的四个基本性质，这是为了解释后面的内容：粒子为什么是波，以及波为什么和粒子在逻辑上是相容的。

波的现象的第一个性质是振动。比如之前说到的声波，一定有个振动的东西作为振动源，导致空气也跟着振动。同样，我们往水里扔一个石子，击打出来的水波也是一个振动。有了振动之后，就有了频率。

敲击一个音叉，这个音叉发出的声音的频率就是它在一秒钟里振动了多少次。水波也有类似的情况。我们盯住水面上的一点看，水波的一次起伏，就是振动一次，在一秒钟里振动的次数就是水波的频率。

波的现象的第二个性质就是传播。就是说，它会从一个地方传播到另一个地方，这个就不用详细解释了。

关于波的现象的第三个性质在日常生活里比较少谈，就是干涉，指两个波之间发生了相互的关系、相互的作用。我们在一条河的不同方位丢了两颗石子，产生两个水波。这两个波一开始是没有关系的，

好看的水波纹

分别独立地传播。但是当两个波碰到一起的时候，就产生了一个新的波的图像，这个图像就是两个波的干涉。干涉现象我们在日常生活里可以看到，但是很少谈论到。

波的现象的第四个性质叫衍射，我们通常也很少谈论。

衍射是什么意思呢？波和粒子是不一样的。我们向前丢出一个石子，如果碰到一堵墙，或者碰到一棵大树，这颗石子就会被阻挡下来，穿不过去。这是粒子的性质。

那这个时候把石子换成波会发生什么情况？如果波遇到一堵墙，假如这面墙只有一半，它会从墙边绕过去，这就是衍射。再比如，一座大桥有桥墩，向桥下扔一颗石子，石子激发出的水波遇到桥墩，它不会像一个粒子遇到桥墩那样被阻止，而是会绕着桥墩过去，这就是波的衍射。

以上所说波的四个重要性质，粒子都不具备。

光波也是波，但是它跟声波和水波不一样，光波是一个基本的波。

为什么说光波是一个基本的波？

众所周知，声波必须有空气才能传播。比如我们的声带振动，引

发生传播的雨中水面波纹

起了空气的振动，空气中大量的粒子一起振动，就形成了声波，才会发出声音。同样，石子丢到水里，需要由水来承载这个波，水中大量的原子和分子一起振动，就形成了水波，所以它也是一个有介质的波。通过介质的振动所产生的波，我们叫它非基本波。因为它是由其他更加基本的东西构成的，所以声波和水波不能称为基本波。

而光波就不需要这种介质。

那么，光波是什么介质振动引起的呢？

其实，什么也不是。尽管在19世纪末，很多物理学家，包括麦克斯韦本人——预言电磁波就是光的那个伟大的物理学家，都曾经想象也许电磁波和光波也需要一种介质，这种介质在这些物理学家眼里叫作“以太”。

我们知道，爱因斯坦最伟大的发现是相对论，他在相对论里就没有假设电磁波需要一个介质。换句话说，相对论是不需要介质来解释电磁波的。电磁波是基本的，它在真空里就可以传播，我们把这种波叫作基本的波。这个世界上存在着两种基本的波，一种是光波，还有一种就是引力波。爱因斯坦除了相对论之外，还有另一个重大的发现，这就是光子。他说，光波虽然是一个波，但是光波里有大量的基本粒子，也就是光子。当大量的光子在一起的时候，它们看起来就像一个波，单个的光子看起来好像不是一个波。当然，现在的科技水平能够观测到单个的光子。但是，在爱因斯坦时代还观测不到单个的光子。他只是提出了一个假说，认为单个的光子是存在的。爱因斯坦还同时假设，当大量的原子在一起时，如果每个原子都辐射一个光子，这些原子都辐射光子的时候，它们一起跑出来，就形成了光波。这也就是我们前

面谈到的光谱的现象。

光波是由粒子组成的，这个粒子就是光子。光子不是我们常识中的粒子。我们很难想象把大量的石头放在一起会形成一个波，从来没有人见过这种情况。这就是爱因斯坦的一个重要发现。他说，大量的光子放到一起就可以形成光波。这个说法就非常有意思了。我们也会因此问道：光子形成光波的时候，为什么会有波动现象？比如说，为什么会有衍射？当大量的光子放到一起的时候，它们为什么会绕过一个半面的墙？

如果光子是普通的粒子，它会打到墙上，而不会跑过去。可是，光子不是普通粒子。我们就会想到在之前内容中讲到的不确定性原理。海森堡说，电子是不确定的，换句话说，电子并不存在固定的轨道。这是不是很像光子呢？如果大量光子形成光波，它们就不应该存在固定轨道。如果存在固定轨道，它们碰到墙就会被挡住，而不会绕过去。由此可以想到，光子的这个性质很像海森堡的量子力学理论里提到的电子的性质——不确定性。有了不确定性以后，就不能因为它此刻的位置预言它在下一刻的位置。因此它就有一种可能性，那就是会绕过半面的墙。所以，通过光子的不确定性原理，我们也就能理解光子为什么会形成光波。

说到这里，就必须谈谈另一位波动力学的创始人——德布罗意（Louis Victor de Broglie）。德布罗意是一个富有传奇性的人物，为什么这样说呢？

因为在年轻的时候，他并没有花费大量的时间研究物理。他用六年的时间参加了第一次世界大战。战争结束的时候，用我们今天的说法是他已经到了研究生毕业的年纪才开始读研究生。他在 1923 年的时候提出了粒子就是波，波就是粒子。这就推广了爱因斯坦的光子的理论。他说，所有的基本粒子和光子一样，大量的基本粒子在一起的时候就会形成波。他甚至指出，每个单个的粒子也可以被看成是一个波。这样的话，他就把爱因斯坦的光子的理论延展到所有的粒子了。

德布罗意在 1892 年生于一个法国的贵族家庭。他的大哥也是物理学家，做过很多物理实验。那个时候，德布罗意对物理还没有产生兴趣。大哥由于生在贵族家庭，又是长子，所以继承了法国公爵的爵位。直到 1962 年，大哥去世之后，德布罗意本人才继承了爵位。也就是说，德布罗意是一个法国的公爵，还是一个亲王，这是德布罗意一个非常有趣的背景。

第一次世界大战中的他，对法国历史很感兴趣，后来受到大哥的影响，他开始慢慢把兴趣转向物理学。同时他听说了爱因斯坦提出光量子的假说，认为光是由大量光子聚集产生的，他便开始思考这个问题。第一次世界大战结束以后，他开始重新上学读书。在 1923 年，他连续发表了三篇论文，奠定了“粒子就是波，波就是粒子”的理论。他推广了爱因斯坦的假说，也推广了爱因斯坦的公式。

我们回过头看看爱因斯坦的公式到底是什么。

光是有频率的，任何波都是有频率的。那么，爱因斯坦是如何把光的频率和光子的能量联系在一起的?

爱因斯坦说，光子的能量和光的频率呈线性关系。也就是说，光的频率提高一倍，那么光子的能量也提高一倍。这个线性的关系前面有个重要的常数，这就是普朗克常数。其实爱因斯坦还提出了第二个公式。光的速度是固定的，光速永远不变。这是爱因斯坦的另一个伟大理论，也就是狭义相对论里的假说。但是光子除了速度以外，还有动量。海森堡的不确定性原理便指出电子的位置和动量之间是互相不能完全确定的。光子也有动量，尽管光子的速度是固定的，但是动量可以发生变化。在爱因斯坦的公式里，光子的动量和光的波长有关。这个时候它们之间的关系不是线性的，而是反线性的关系。也就是说，当波长拉长一倍的时候，光子的动量就变小了。再换句话说，光的波长越长，光子的动量就越小。我们知道，紫外光比红外光的波长要短，所以紫外光的动量要比红外光的动量大。这就是爱因斯坦的第二个公式。

德布罗意在 1923 年的时候就猜想，像电子这样的粒子是不是也有频率和波长呢？于是，他便推广了爱因斯坦的理论。他说，如果假设电子也是波，这个波也要有频率，也就是在单位时间振动的次数。

波在单位时间振动的次数应当和什么有关呢?

波在单位时间振动的次数和能量有关。

能量和粒子的单位时间振动次数呈线性关系。也就是说，粒子的波的频率越高，它的能量越高。我们用量能器就可以测量电子的能量，

这样就间接地测量了电子的频率。同样，电子也有动量。我们知道电子如果是波，也应当有波长。这个时候德布罗意就说，电子的波长越长，那么它的动量就越小。这样的话，德布罗意就建立了他的“万事万物都有频率和波长”的理论。而把这个理论用到基本粒子上，就预言了基本粒子有波的所有性质，就是前面所说的有振动、传播、干涉、衍射这四个波的重要特性。幸运的是，在德布罗意提出这个理论后的第四年，也就是1927年，两个物理学家在不同的场合分别验证了电子确实像波一样，它碰到半面墙可以产生衍射现象，会从墙的一侧绕过去，这就是电子的波动现象。电子不是普通的粒子，它没有一个直线的轨道以绕过半面墙，这就是电子的衍射。因为这个研究成果，德布罗意在1929年获得了诺贝尔物理学奖。

第 08 课

$$i\hbar\frac{\partial\psi}{\partial t} = -\frac{\hbar^2}{2m}\nabla^2\psi$$

了不起的薛定谔方程

在这一课里，轮到薛定谔隆重登场了。薛定谔是一个伟大的传奇人物。其实，在量子力学的时代，所有相关的人物都是传奇人物。

我们在这里先简要回顾一下粒子和波的关系。前面谈到过，德布罗意在1923年年底提出“粒子就是波，波就是粒子”的理论。这里的波有频率，有波长。其中，频率是单位时间内震动的次数，而波长就是两个相邻波峰或是两个相邻波谷之间的距离。频率和能量有关，波长跟动量有关。这两个关系从另外一个层面证实了海森堡的不确定性原理。

为什么这么说呢？我们先卖个关子，稍后再谈。先来说说薛定谔。

当薛定谔在1926年发现波动力学的时候，已经39岁了。在年龄这一点上，他和普朗克非常相似。我们之前说，普朗克在发现量子理论的时候已经41岁了。在发现理论物理的基本现象的科学家们当中，普朗克获得重要成果时的年龄是最大的，而薛定谔排名第二。他发现波动力学的过程也被传为“佳话”。

据说在1925年圣诞节期间，薛定谔和他的一位情人在一起。那时候的薛定谔已经结婚了。在此期间，他受到了这个情人的启发，灵光一现发现了波动力学。到了 1926 年 1 月，他发表了第一篇关于波动力学的论文。在 1926 年 1 月到 6 月，他发表了六篇论文。平均每月要发表一篇多的论文，而且篇篇都是经典。这六篇论文奠定了波动力学的基础。

他发表的这六篇论文里有一个基本的物理学方程，现在叫作薛定谔方程，是所有粒子必须遵循的波动方程。今天的我们已经知道，不仅粒子要遵循薛定谔方程，任何物理学研究的对象都要遵循薛定谔方程。我们前面说，光就是波，电子也是波。当然，波不一定是电子。波既可以是电子，也可以是光子，要看解释的对象是什么。除了光子以外，其他由基本粒子形成的波都叫作物质波，比如电子。所有的这些物质波都要满足薛定谔提出的普适方程。

在今天看来，海森堡的量子力学和薛定谔的波动力学都不可能被改写一丝一毫。这两个方程自从 1925 年和 1926 年先后建立，没有人可以改动一笔。这是非常了不起的成就。爱因斯坦甚至说过："我虽然不相信量子力学是最终的物理学理论，但是它们的预言实在太精确了，让我不得不接受它们。"这是爱因斯坦对量子力学和波动力学的评价。当然这两个理论是完全一样的理论，今天我们把这两个理论统称为量子力学。

下面来谈一谈波动光学。

爱因斯坦认为，光波里含有大量的光子。这些光子看起来像基本粒子，但又不是基本粒子。光波有衍射现象，也有干涉现象。现在我们已经能用单个光子做实验了，并且发现单个光子也有衍射的现象。换句话说，单个光子也可以绕道而行，而普通的粒子是做不到这一点的。

这是基本粒子神奇的地方。

通过爱因斯坦的理论来看，当光的频率很高的时候，它就有一个所谓的几何现象。我们能够从光波里画出一条直线或是画出一条曲线，这个直线或曲线就是光子的轨道，在术语上，把这个叫作几何光学。

波动光学遵守电磁方程，也就是 19 世纪麦克斯韦总结出来的电和磁的方程。这是一个波动的方程。那么，如何从波动的方程过渡到一个粒子的几何方程呢？

这就要求当一个电磁波具有很高的频率时，要从麦克斯韦的方程中推导出一个几何的方程，而这个几何的方程必须看起来非常像一个粒子的轨道的方程。所以在某种极限之下，光子就会有一个像日常生活中碰到的某个物体的轨道。在从波动方程过渡到几何方程这一过程的启发下，薛定谔写出了粒子的波动方程，就是著名的薛定谔方程。

在量子力学中，经常要谈到一个了不起的类比，这个类比也受到过德布罗意的启发。德布罗意认为，粒子的能量越大，频率就越高；

粒子的波长越短，动量就越大。其实这两句话里已经暗含了一点点波动方程的影子。在薛定谔的波动方程里，仅仅有粒子的位置，也就是说，在波里是可以观察到位置的。这个非常像麦克斯韦的方程式，里面也是有位置的，包含了空间和时间。这个现象是不是似曾相识呢？这就是我们前面讲到过的海森堡的不确定性原理：只能谈论粒子的位置，但是不能谈论粒子的速度。

在波动方程里可以谈论粒子的位置，但是暂时不能谈论粒子的速度。在什么情况下可以谈粒子的速度呢？德布罗意告诉我们，当粒子对应的波的波长越短的时候，动量越大。这个时候谈论粒子的速度就有点意义了。

在薛定谔方程里，我们可以看到所谓的平面波。这里说一下平面波的含义。当我们在一条海岸线上看到很多波浪向我们涌来的时候，如果这条海岸线非常直，像一条直线，就会看到一排排巨浪，因为海岸是直的，所以巨浪成长起来是排成一条直线的，下面一个波峰也是一条直线，再下面一个波峰还是一条直线，我们把这种波就叫作平面波。当波成长为平面波时，就有固定的波长和固定的频率。这个时候通过德布罗意的理论谈论它们的波长，就可以谈论粒子的动量以及粒子的速度。同时，我们还可以谈论粒子的位置，但粒子的位置到处都是。这就好比海浪来的时候，如果粒子像一排排巨浪涌过来，那粒子在什么地方呢？粒子充斥在所有的地方。我们完全不能确定粒子的位置，但是这时候粒子的速度是完全确定的。这就从另一个侧面表现出了不确定性原理：当速度完全确定的时候，粒子的位置完全不确定。

薛定谔的波动力学在理论上和海森堡的量子力学完全等价。我们

不会在这里证明量子力学和波动力学为什么在数学上完全等价，因为这两个方程实在是太复杂了。但是通过前面的描述可以知道，波动力学已经在一个方面证实了海森堡的不确定性原理，这就说明这两个理论在物理方面确实非常相像。

那么，当我们看到的波不是平面波的时候，会发生什么情况？刚才说过，有时候波浪会充满整个海岸，这时我们完全不能确定波浪的位置，但是有时候波的位置相对来说是确定的。这种情况在日常生活中不大容易看到。但是我们可以想象：有一个孤立的浪头，前后左右都没有波浪，只有一个孤立的浪从海面上向我们涌来。这个时候我们说，这个孤立的浪头——也就是波包的位置相对比较确定。尤其是当这个波包的宽度越来越小的时候，就可以越来越确定这个波包在什么位置。但是在数学上，这个波包是可以看成不同波长的平面波加在一起的，这就是波的神奇的干涉现象。当很多不同波长的波加在一起时，就可以形成一个波包。当波包的位置非常确定的时候，它含有很多不同波长的平面波。而我们知道，不同的波长对应的粒子有不同的速度，即一个孤立的波包里含有很多不同的速度。这就说明，当我们确定波的具体位置的时候，这个波里包含的粒子的速度完全不确定。这又在另一个方面和平面波正好相反，同样验证了不确定性原理。

平面波是说，有固定的波长和固定的速度，但是有不固定的位置。波包是说，有固定的位置，但是有不固定的速度。我们用这两个例子说明波动力学含有不确定性原理。

接下来谈谈波动力学中非常有意思的解释。这就要讲到德国物理学家玻恩（Max Born）。他是一个犹太人，与玻尔和爱因斯坦属于同一时代。他的年纪介于爱因斯坦和玻尔之间，但是玻恩很晚才获得诺贝尔奖。到了 1954 年，他已经 70 多岁的时候，才因为毕生的贡献获得了诺贝尔物理学奖。

玻恩的第一个贡献是解释了海森堡的不确定性原理。我们之前只谈到海森堡确定了量子力学，但是没有谈到量子力学是如何成为完美的理论的，其中就有玻恩的重要贡献。海森堡发表了第一篇关于量子力学的论文以后，又和玻恩以及其他科学家发表了一系列论文，才把我们现在所知道的量子力学的完美形式呈现出来。玻恩的第二个贡献就是解释了薛定谔的波动方程。他认为，薛定谔的波动方程中的波，其实就是粒子出现在某个位置上的概率。如果一个波比较强，就说明粒子出现在这个地方的概率比较大；如果这个波比较弱，则说明粒子出现在这个地方的概率比较小。

尽管玻恩对量子力学和波动力学做出了非常大的贡献，但是到了 70 多岁他才获得诺贝尔奖，这其中的过程让人十分心酸。当玻恩跟自己的后辈，比如海森堡和狄拉克等已经获得了诺贝尔奖的人，一起出席学术活动的时候，别人都坐在第一排，他只能远远地坐在后面。当这些人走上主席台的时候，他也只能在下面看着。玻恩有时候会感到惭愧，怪自己为什么没有得奖、没有登上主席台，甚至为此掉过泪。这是一个伤心的故事。

现在回过头谈谈薛定谔的人生。薛定谔是1887年出生的，他比爱因斯坦小8岁，比波尔小2岁。在1926年的时候，他提出了自己一生中最大的发现，就是波动力学。因为这个成就，他和狄拉克在1933年一起获得了诺贝尔奖。我们之前说，狄拉克对量子力学也有重要的贡献，因为他是把不确定性原理的关系在数学上严格阐述的第一人。同时，他像薛定谔一样，证明了波动力学和量子力学虽然表面看起来不一样，但是在数学上完全是一回事。

到了1944年，薛定谔已经很老的时候，他发表了一个小册子，叫作《生命是什么》。这本小册子开启了现代生物学的大门。尽管薛定谔是个物理学家，但是他提出的理论却影响了生物学。在这本小册子里他表达了一个观点：由于人是由分子和原子构成的，因此人身上必定有一个基本的单位。这个基本单位里包含量子力学，也有分子和原子。

这个基本单位应当涵盖了生命的基础信息。其实，这个基本单位就是后来发现的基因和 DNA。当然，薛定谔还有很多其他的故事，比如他一生中有很多艳遇，同时他还是一个诗人。而随着时间的推移，薛定谔在我们眼中的形象变得越来越复杂，但是也越来越伟大。在今天看来，他是一个非常了不起的跨界科学家。

第 09 课

量子理论和佛学有关吗？

在这一课当中，我们要谈到一个让人挠头的问题。当量子力学和波动力学出现之后，物理学家眼中的物理世界和日常生活中的普通世界就变得一片混乱。

到底出现了什么动摇我们信心的问题呢?

这个问题就是：我们平常所熟悉的那个物理世界还存在吗？一个世纪以来，这个问题一直干扰着物理学家们，甚至出现了一个说法：量子理论和佛学是一模一样的。现在就来解释解释这两个问题。第一，物理世界到底存在吗？第二，量子理论和佛学真的有关系吗?

首先，我们回到海森堡时期。

在海森堡提出不确定性原理之后，整个世界被彻底震撼了，因为我们熟知的那个物理世界不再像从前一样了。

那么我们曾经熟知的物理世界是什么样的？在那个世界里，一切都是有因有果且都是实实在在的。

还是以石子为例，只要我们知道把石子扔出去的力气和方向，就可以算出这个石子的运行轨迹。可是到了量子世界里，把石子换成原子，那么当我们扔一颗原子出去时，就不再知道这颗原子未来会是什么状态了。它不再有一个确定的轨迹，自然也不知道会发生什么。在一秒钟之后，这颗原子可能还在我们面前，也可能已经到了地球的另一边，对它的状态完全无法预知。而且像前面说的，轨道的概念也彻彻底底地消失了。

等到玻恩对波进行了概率的解释之后，这个世界就变得更加混乱了。自从德布罗意提出了粒子波和物质波，在薛定谔发展了波动力学的几年以后，其他物理学家就对波做出了一些解释。玻恩认为，波在一个地方强一些，在另一个地方弱一些，这其实就代表粒子在一个地方出现的概率比较大，在另一个地方出现的概率比较小。这个“波”有点儿像一团迷雾，或者说是一个鬼鬼祟祟的东西，跟我们理解的“波”完全不一样。这团迷雾在地点 A 浓一些，那么我们谈论的基本粒子在地点 A 出现的概率就大一点；如果这团迷雾在地点 B 淡一些，我们谈论的基本粒子在地点 B 出现的概率就要小一点。

现在来看看薛定谔在这时的情况：当他听到玻恩的概率解释之后，彻底后悔了，他认为这根本不是自己脑海中的理论。薛定谔说，当他提出波动力学的时候，从没说过波是一种鬼鬼祟祟的东西，从来没有表达过粒子出现的概率和波有关。那么当薛定谔提出波动力学的时候，他的脑海里想的到底是什么东西呢？他提到的波到底是什么东西？

原来，薛定谔只是说，这个波不是真实的存在，而是跟随着基本粒子假设出来的一个东西。因为当时的物理学家对基本粒子的了解不多，波只是一个临时性的解释。等到以后对基本粒子了解得多了，就不需要用波来解释了。

在薛定谔看来，也许我们会重新回到牛顿的物理学经典世界中。粒子还是有确定性的轨迹，粒子的位置和速度都可以同时测量，依旧

可以通过这一刻的粒子的状态，预言出下一刻粒子的状态。这是薛定谔在 1926 年连续发表六篇论文的时候，他脑海里的一个假设。他认为他的理论只是一个临时的解释，将来要被更加准确的理论推翻和取代，尽管这个理论是正确的。他所做的预言，比如关于原子的一切都是正确的，而且在数值上几乎没有误差，但是他并不觉得这个理论是最终理论。

接下来谈一下物理学家们对波的理解。在这一点上，玻尔的理解和薛定谔的理解存在巨大的反差。薛定谔认为，波的理论是临时的。而玻尔却认为，这个波的解释就是最终的，不可能再有更加精确的理论。我们本来就没有办法像以前对待一个石子那样来对待一个基本粒子，在任何一个时刻都绝对不可能同时确定它的位置和速度。海森堡作为量子力学的发现者，是完全赞同玻尔的理解的，但是他没有对薛定谔做出直接的辩论。

薛定谔和玻尔之间还发生过一件有趣的事。

在薛定谔发现波动力学的两年后，他去哥本哈根见玻尔。那次的哥本哈根之旅使他们之间发生了不可避免的、激烈的争论。这场争论一直持续了好几天，两位科学家僵持不下，而且都互不退让，谁都不愿意放弃自己的立场。玻尔家十分豪华，据说嘉士伯公司为了嘉奖玻尔对物理学的巨大贡献，把一个巨大的别墅赠送给了他。薛定谔和玻尔就在别墅里争吵了几天，到最后，玻尔仍然神采奕奕的，可是薛定谔已经站不住了，被逼倒在床。这就像前面提到的海森堡和玻尔的争论一样，只不过那次被气得躺在床上的是玻尔。玻尔的妻子十分善良，她给薛定谔准备了茶和咖啡等东西，一直服侍着薛定谔，而床上的薛定谔在继续跟玻尔争论。他们不但在那一次没有说服对方，以后都没有说服对方。后来，薛定谔又提出了著名的思想实验，也就是“薛定谔的猫”。关于这一点，会在后面仔细讲。

在薛定谔与玻尔的这场争论之后，逐渐出现了一个物理学派。这个学派以玻尔为首，其中包括狄拉克、海森堡、泡利（Wolfgang E.Pauli）等著名的物理学家。他们后来陆陆续续都获得了诺贝尔奖。这个学派叫作哥本哈根学派，因为玻尔本人住在哥本哈根。

哥本哈根学派认为，粒子就是波。就像海森堡所说的，没有一个实验可以同时确定粒子的速度和位置。以通过荧光屏来观察电子的轨迹的例子来说，当电子打在荧光屏上的时候，会出现一个斑点，这个斑点就表明了这个电子的位置。但是这个时候，对于这个电子的速度完全不确定。我们还可以用量能器去量这个电子的能量，而能量又决定了电子的速度。但是，当我们确定了这个电子的速度时，它的位置同样没有办法确定。海森堡认为，不光他们在当时的实验中做不到这一点，今后的实验中也做不到这一点。也就是说，任何一个实验都不可能同时确定粒子的位置和速度。

可能有一些民间科学家说，在荧光屏上再加一个量能器就可以了。对不起，当你在荧光屏上加一个量能器的时候，就把粒子的位置和速度同时模糊化了。我们在这里不解释其中的原理，只是简单说明一个结果，请大家不要盲目相信那些民间科学家自己发明的新奇理论。

现在，又轮到爱因斯坦登场了。首先要强调一下，爱因斯坦是站在薛定谔这一边的。爱因斯坦是量子论的奠基人之一，他一开始支持德布罗意的理论。德布罗意在 1923 年的下半年提出了物质波和粒子波的概念。德布罗意当时的导师也是一个著名的物理学家，这位老师把他的论文送给爱因斯坦看，并得到了爱因斯坦的肯定。后来，德布罗意在爱因斯坦的支持下顺利拿到了学位。当时，德布罗意的导师以及他周边的人都不能确定这个离奇的想法是不是对的，但是爱因斯坦支持了这个想法。

可是当波动力学出现之后，爱因斯坦站在了薛定谔的这一边。爱因斯坦说，物质波和粒子波都是临时的，不是最后的解释。粒子一定是同时具备位置和速度的，只是当前设计的实验还不完备，理论也不完善。为了证明这一点，爱因斯坦召集了他的两个助手，进行了一个著名的思想实验。这两个助手一个叫玻理斯·波多斯基（B.Podolsky），还有一个叫纳森·罗森（Nathan Rosen）。他们三人一起提出了一个著名的思想实验，叫爱因斯坦－波多斯基－罗森实验，英文里的简称是 EPR 思想实验，分别代表了这三个人姓氏的首字母。为简单起见，我们不用本来意义上的物理学思想来复述这个实验，而是用一个比喻来告诉大家，EPR 思想实验到底是什么。

波动力学

如果不能同时确定一个粒子的位置和速度，那么我们就可以做如下比喻：

我们不能同时确定一个男人的年纪，以及他是否成了一个父亲。

如果不能同时确定一个男人的年纪和他是否成为父亲这两个性质，那么就假设这个男人和一个女人结婚了，而且男人比女人年长两岁。这个时候，虽然不能确定这个男人的年纪和他是否成了父亲，但是可以先来观察他的妻子。如果他的妻子生了一个孩子，就立刻可以确定这个男人已经成了一个父亲。这个时候再来看这个男人本身，从而确定他的年纪。如此一来，不就能够把他的年纪和他是否成为父亲这两个性质同时确定了吗？这就是 EPR 思想实验的核心想法。

这个思想实验背后的本质是什么呢？就是不要同时去看一个物体的两个性质，而是通过另外一个物体确定这个物体的其中一个性质，再直接观察这个物体的另一个性质。于是爱因斯坦认为，像电子这样的基本粒子实际上是可以同时被确定位置和速度的。这就使得爱因斯坦和玻尔之间爆发了一场旷日持久的学术论战。我们现在把时间一下推进到将近40年以后，也就是1964年。这一年，有一个名叫贝尔（John Stewart Bell）的爱尔兰物理学家，他设计了一个新的EPR实验。贝尔表示，如果在这个实验里得到了预想中的某个结果，就说明爱因斯坦是对的；如果得出了预想中的另外一个结果，那就说明爱因斯坦错了。实验的结果是怎样的呢？

经过几十年的努力和实验，科学家们终于证实了爱因斯坦是错的。也就是说，不能通过测量另外一个物体来确定当前物体的性质。换句话说，确实不能同时确定一个粒子的位置和速度。这个事件完全颠覆

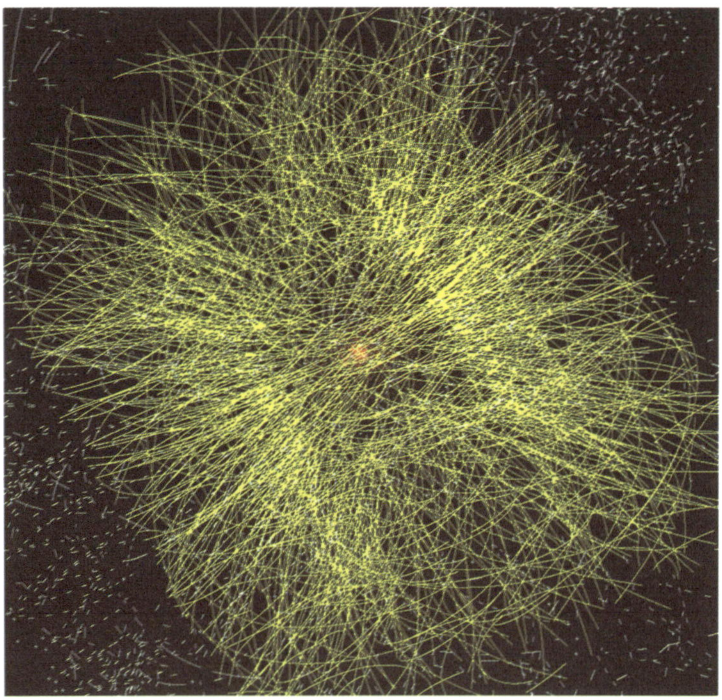

粒子轨迹

了我们的认知，让人感到不可思议。

好了，下面再回到哥本哈根学派的解释。这些物理学家说，当我们用一种方式观察一个粒子的时候，就能够看到它的某种性质；切换到另外一种观察方式之后，就能看到这个粒子的另外一种性质。基本粒子要么只具有位置，要么只具有速度，不能同时具备两者。把这个理论再推广一下，就可以认为，当我们观察一个基本粒子的时候，它会突然出现在某个位置上。这就引出了这一课中要讲的另一个问题，那就是佛学和量子理论到底有没有关系？

佛学如何解释这个现实世界？我们都知道佛学中有一个著名的典故：一阵风刮来，吹动了一面旗帜。两个小和尚争论，是风吹动了旗帜还是旗帜自己在动，结果高僧说是因为我们想象旗帜在动，因此旗帜才动了。这就是著名的风动、旗动还是心动的佛门公案。你看，这不是和哥本哈根解释很类似吗？也就是说，当我们观察一个粒子的某个性质的时候，它才具有这个性质；而在我们不观察的时候，这个性质可以看作是不存在的。针对这一点，爱因斯坦曾经表达过一种观点：当你抬头看天上的太阳时，会发现太阳是存在的，但是当你不看太阳的时候，难道它就不存在吗？当然不是，太阳依然还是存在的。

可以说，量子力学不能证明佛教的观点。尽管我们不去观察一个粒子，但是这个粒子还是存在的；尽管我们不需要观察这个粒子的位置，但是只要其他粒子还存在，其他粒子和这个粒子之间依旧能够体察到对方的位置。这就是量子力学和佛学之间的不同之处。

第 10 课

你以为的真实就是量子的真实世界吗？

在前面我们讲到了海森堡的不确定性原理、德布罗意的波，以及薛定谔的波动力学。那么真实的世界到底是什么？

现在我们终于意识到，真实的世界其实有两个，一个是一睁眼就能看到的世界，也就是我们熟悉的日常世界。这个世界是经典的世界，是牛顿力学的世界，是确定性的世界。

但是在这个世界背后，还深刻地隐藏着一个微观世界。这个微观世界里有大量的基本粒子，而每一个基本粒子和我们日常生活中看到的物体完全不同。基本粒子没有确定的位置，没有确定的速度。并且我们指出，谈论一个有位置和速度的基本粒子是错误的，因为这两个量不可能同时存在。

其实，这两个世界都是真实的，但是看起来又如此不同。我们对日常生活的世界非常熟悉，而对微观的世界非常陌生，但是这两个世界并不矛盾。

在薛定谔和海森堡之后，很多物理学家指出：在多数情况下，我们把大量基本粒子结合在一起的时候，它们的行为就会变得越来越确定，越来越经典，也越来越日常。这是为什么？

其实，玻尔在早年研究原子模型的时候就指出：当一个物体的质量越来越大，里面含的基本粒子越来越多的时候，我们谈论的这些量子的性质就会变得越来越熟悉。它们就像石头一样，具有位置和速度。当然，这些是物理学家用普通的、逻辑的手法发现的。这些不太容易用普通的语言来讲解的东西，只要指出一点，我们就可以理解为什么玻尔的理论是对的。因为主导微观世界的一个重要的物理学常数，也就是普朗克常数，它非常非常微小，在普通的单位制里面，它的数量级是 10^{-27}，也就是一千亿亿亿分之一。普朗克常数与一块石头或者一台电脑相比，实在是太过微小了。所以，我们在日常生活中接触到的物体都是确定的。而且一个物体越大，它就越确定。比如，太阳的位置是确定的，速度也是确定的。尽管海森堡的不确定性原理也适用于太阳，但是当人类精确地测量出太阳的速度时，太阳的位置的不确定性就变得非常微小，小到用如今最先进的仪器都测量不出来。所以，日常生活的世界和量子世界是不矛盾的。

在这里，还要谈到微观世界的另一个重要特质，就是基本粒子时时刻刻都在转动，就像在跳舞一样。用物理学术语来说，这就是粒子的“自旋”。所有的基本粒子都有自旋，无论是电子、中子、质子还是夸克，都在进行自转。

说到自旋，我想起了小时候玩的游戏——抽陀螺。我们那时会拿一块比较好的木头来到工厂的车间，央求车床师傅制作出一个陀螺来。随后会做一根鞭子，用它来抽打陀螺，这个陀螺就会转动。一直不停地抽打，它就会一直转动。电影《盗梦空间》里也有一个陀螺，大家可以看到它转动时的方向，物理学家把这种转动的方向称为角动量方向。陀螺转动的方向可以正面朝上，也可以倾斜下来，这些转动方向可以连续变化。当转动方向变化到极致的时候，转动的方向有可能与地面平行，这个时候陀螺就要倒下来了。但是只要再抽一鞭，陀螺就会再次转动起来，转动轴也会慢慢地重新立起来。

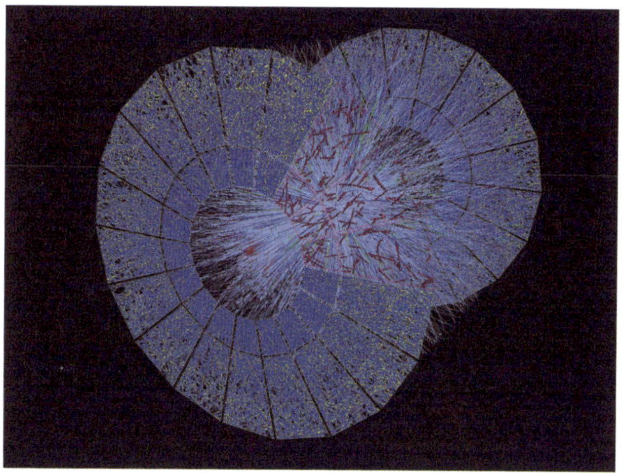

粒子的自旋

那么，基本粒子的转动与陀螺的转动是一样的吗？这是一个非常有趣的问题。

现在，我把答案告诉大家：基本粒子的转动与陀螺的转动不一样。如果从一个固定的方向看，会发现基本粒子（当然，这里指的是电子、质子、中子等，并不包括一些特殊的基本粒子）的转动方向只有两种选择，要么向上，要么向下，是有固定的方向的，而不像陀螺那样在旋转时方向可以连续变化，并且方向多种多样。

电子的自旋现象是怎样被发现的？这里，就不得不提到一个著名的物理学家，他就是海森堡的师兄泡利。泡利是个天才，他在中学的时候就完全消化了爱因斯坦的狭义相对论和广义相对论。在上大学之前，他写了一本书。在书中，他用自己的方式向大家介绍狭义相对论和广义相对论。虽然是用自己的方式，但他讲得非常严谨，因此这本书就相当于是一本教科书。他把这本“教科书”拿给爱因斯坦看，连爱因斯坦本人看过之后都非常吃惊，觉得泡利讲述相对论的方式更好、更全面。泡利是一个全面的人，而爱因斯坦是一个深刻的人，这两个人描述物理学的方式是不一样的。尽管在上大学之前，泡利还没有自己的独到发现，但那时的他已经成了一个著名的物理学家。

电子的自旋就是泡利的一个最重要的发现。但是，当他发现电子自旋时，他并没有认识到这和陀螺有关。他只是提出从实验中得来的观点：电子在原子的同一个能量态里处于稍微不同的两种状态。

20 世纪初，物理学家研究了原子的光谱，玻尔建立了原子模型，海森堡发现了量子力学，这些都跟原子的光谱有关。泡利发现电子的自旋，同样和原子的光谱有关。当时的物理学家发现，当原子中的电子从一个能量状态跃迁到另一个能量状态的时候，它损失的能量会被光子带出来，而这些光子带出来的能量以一个固定的频率展示出来。也就是说，在原子的光谱中有一条一条的线，每一条线对应的都是电子从一个能量状态跳到另一个能量状态，而且都有固定的频率。可是当物理学家观察得更仔细的时候，即把一根谱线放大的时候，他们发现里面其实含有两根更细的谱线。也就是说，一根看似比较宽的谱线实际上是由两根更细的谱线组成的。

对这两根更细的谱线应该如何理解呢?很多理论物理学家都没有办法解释。但是泡利认为可以把它简单地解释为:当电子从一个能量状态跳到另一个能量状态的时候,它之前所处的那个能量状态其实包含两个不同的状态。这两个不同的状态之间有一点点细微的能量差,就导致了两根更细的谱线的出现。

1925 年,有一个叫拉尔夫·克罗尼格(Ralph Kronig)的物理学家发表了一个观点:泡利指的这两个细微差别的能量状态其实代表着电子不同的自旋方向。也就是说,当一个电子处于一个能量状态的时候,同时还在转动,转动的方向可以是向上的,也可以是向下的。当向上的时候,就处于泡利所说的能量状态之一;当向下的时候,就处于泡利所说的能量状态之二。这样一来,就自然而然地解释了泡利所说的两个能量状态。但是泡利本人非常不喜欢这个解释。他立刻把电子的转动和相对论结合起来,于是发现,如果电子在转动,它转动的表面速度就超过了光速,这和相对论是矛盾的。因此,泡利反驳了拉尔夫·克罗尼格的这个理论,说它破坏了光速最大的原则。于是,拉尔夫·克罗尼格不得不放弃他的想法。

在同一年的秋天,有两位荷兰的物理学家,一位叫乔治·乌伦贝克(G.E.Uhlenbeck),一位叫萨缪尔·高斯密特(Samuel

Goudsmit），这两人有同一个导师，也是一个著名的物理学家，叫埃伦费斯特（Paul Ehrenfest），是爱因斯坦的好朋友。他非常支持这两位年轻研究生的想法。于是，这两位研究生就以一篇短文发表了自己的想法，这篇短文仅有一页半。在当时，它只刊登在一本著名杂志上的一个不起眼的角落里,但是在今天看来,这是一篇非常经典的文章。

在这篇文章里，乔治·乌伦贝克和萨缪尔·高斯密特指出电子有自旋，尽管他们没有意识到这个自旋有可能和相对论矛盾。但是，和相对论矛盾的前提是假定电子像陀螺一样有一个具体的大小，这样它的表面才会有一个速度。可是如果电子没有大小，它就没有表面，也就不会和相对论产生矛盾了。所以，如果把电子看成一个点状的粒子，泡利的反驳也就不成立了。

其实，这里面还有一个小小的漏洞，是后来其他物理学家发现的。这个漏洞就是，如果把电子放到相对论里来研究，计算出来的某一个物理量跟实验的结果差了两倍。也就是说，通过实验得出的数值比通过理论计算得出的数值相差了一个“2”。这让很多物理学家十分头疼，因为自旋很好地解释了光谱学，但是却跟相对论存在矛盾。

为此，玻尔走访了很多物理学家。他在柏林站下了车，来到爱因斯坦家，对爱因斯坦说：“电子自旋理论很漂亮，但是和您的相对论矛盾。”爱因斯坦说：“别急，我重新用相对论计算了一下，发现还真的跟实验的结果不矛盾，因为我也得出了这个‘2’。”当然，这种计算很困难，但是爱因斯坦做到了，他也计算出了“2”这个结果。于是，玻尔来到下一站，找到泡利，想听听泡利的想法。泡利说：“我以前对拉尔夫·克罗尼格的批评是错的，我也发现这个‘2’是可以计算出来的。”两位著名的物理学家都计算出了这个结果，玻尔就放心了，于是他又坐火车把爱因斯坦和泡利的计算结果传达给欧洲其他国家的物理学家。在玻尔的威望之下，电子有自旋的理论就正式成立了。

1927年，泡利把自旋纳入了薛定谔的波动力学框架，提出了著名的泡利方程。泡利方程很好地运用到原子的光谱学中。当然，我们又要提一下那位具有抽象数学思维的英国物理学家狄拉克。1928年，狄拉克觉得泡利用波动力学的方式写下的方程不够完美，于是他用相对论的方式写下了另一个方程，也就是著名的狄拉克方程。狄拉克方程告诉我们，自旋不仅和相对论不矛盾，而且是相对论本身要求电子必须有自旋。这个自旋和普通的陀螺旋转不一样，它不是连续变化的，而是跳跃的，并且只能有向上和向下这两种状态。狄拉克方程也非常完美地告诉我们，相对论和量子力学是如何精确地预言了电子必须有自旋的。根据狄拉克方程计算的结果，比用非相对论方程计算的结果更符合实验得出的结果。后来，物理学家在发现了一根光谱线里包含两根细的光谱线之后，又发现了更精确的光谱线位置的测量方式，并由此证明了狄拉克方程的预言与实验得出的结果相符。

最后，还要谈论另外一位著名的意大利物理学家费米（Enrico Fermi）。在伽利略时代，意大利的物理学发展处于鼎盛时期，但是到19世纪就衰落了。费米是复兴意大利物理学的第一人。费米出生于1901年，与海森堡同年。费米也是一个神童，21岁就获得了博士学位，22岁开始在玻恩的指导下工作了一年。然后，他游历了欧洲的其他地方，在25岁时回到意大利，并在罗马大学获得了正教授的职位。如今欧洲物理学的职位非常稀缺，哪怕你混到35岁、45岁都很难在古老且著名的罗马大学里获得一个正教授的职位，但是25岁的费米做到了。他发表了一篇非常著名的论文，他在论文中指出，如果电子有自旋，那么刚好可以满足泡利不相容原理。

这里要插入一段解释，什么是泡利不相容原理？

它指的是，两个同样的电子不能处于完全一样的状态，它们是互不相容的。举例来说，就像两个人在跳舞，如果我跳了一曲华尔兹的某一个片段，你就不能跳同一个片段，因为我们是不相容的，电子也是如此。

回到费米的观点，我们可以用玻璃球来做比喻。虽然玻璃球无法满足泡利不相容原理，但是用它来举例更为直观。假定有两个一模一样的玻璃球，一个在左，一个在右，如果把它们互换一下位置，会觉得没有发生任何变化。但是费米指出，如果这两个玻璃球是两个电子的话，情况就不一样了，它们会有一个微妙的变化。也就是说，描述这两个"玻璃球"状态的波相差了一个符号，由+1变成-1，由-1变成+1。但是，用波的概率解释是没有变化的，也就是说，在物理学上没有变化。这是一个绝妙的方式。因为我们会发现，两个一模一样的"玻璃球"放在一起又互换位置后，如果它们的状态完全没有变化，它们的波又怎么可能由正变负、由负变正呢？答案就是，只有当这个波等于零的时候才有可能，只有零才不分正负。可是，当一个"波"变成零的时候，它的概率就等于零了。这种状态是不可能发生的。这样就解释了泡利不相容原理——两个"玻璃球"不能处于同一个状态，这就是费米在量子力学中做出的一个伟大贡献。

费米的聪明才智还展现在别的地方，这里有一个关于他的小故事。

第二次世界大战的时候，费米从欧洲逃到美国，帮美国人造原子弹。原子弹造好以后，大家都想知道这种新武器到底有多大威力，可又不敢真的跑过去测量，因为离得太近就会没命。这时费米想了个办法，在很远的地方就把原子弹的爆炸威力给测出来了。

你猜费米是怎么做到的？他随手抓了一把纸屑，在原子弹爆炸的时候往空中一抛。爆炸掀起的大风让这些纸屑往后飘了一定的距离。费米就用这段往后飘的距离，估算出了原子弹爆炸的威力。

费米

第11课

如雪崩般爆发的光子诞生了激光

激光是如何产生的？这里有一个非常形象的比喻：和雪崩的产生过程类似。

登山的人非常害怕雪崩，因为雪崩一旦发生，就会呈现出一种指数级的增长状态。懂得经济学的人应该很熟悉指数级增长。那么雪崩的指数级增长又是怎么回事？雪崩是由一片雪片下落导致两片雪片下落，两片雪片下落导致四片雪片下落，四片雪片下落又导致八片雪片下落的一个过程。这样呈几何级数的增长，最终会导致非常大的灾难。可以说，雪崩是雪片下落引发的灾难。

而激光其实就是光子引发的灾难，一个光子产生两个光子，两个光子产生四个光子，四个光子产生八个光子，以此类推。形象点说，激光其实就是光子的“雪崩”。

现在我们回顾一下激光产生的历史。在20世纪50年代末，有两位理论物理学家，一位叫汤斯（Charles Hard Townes），一位叫肖洛（Arthur Schawlow），他们发现了激光的理论。当时，休斯飞机公司的休斯实验室里有一位实验物理学家，名叫梅曼（Theodore Harold Maiman），他看到汤斯和肖洛的理论后，开始在实验室里用微波实现激光。

光就是一种电磁波，它有不同的波段。比如，可见光波段的波长在400～700纳米之间；红外光的光波波

长比可见光长一点；而微波比红外光的波长更长一点，大概在一毫米到几厘米之间。当时，由于微波相对来说好操作一些，梅曼第一次便使用微波实现了激光。他的发现引发了此后各种激光的发现，包括可见光的激光、X 射线光的激光和 γ 射线光的激光等等。我们知道，X 射线的波长比可见光要短，所以它的能量就高；γ 射线的波长比 X 射线的波长更短，所以它的能量就更高。

所有这些激光的发现和应用让我们现在的生活发生了翻天覆地的变化。

先说一下激光的简单应用。激光可以用来进行光刻。现在的电脑里有大规模的集成电路，集成电路中肉眼看不见的电路就是通过激光在材料(例如：硅)上雕刻出来的。当然，还有我们熟悉的激光切割材料，以及更熟悉的宽带等光纤通信，讲课或者演讲时经常使用的激光笔，这些都要利用激光。可以说激光在日常生活中有非常重要的作用。

除此之外，还有女性朋友们熟悉的激光美容，比如激光祛斑、激光脱毛。拿激光器往脸上一照，色斑就消失了；往胳膊上一扫，体毛也脱落了。这是怎么回事？为了解释其中的道理，我们可以做一个小实验。

电路板

吹一个白色的大气球，里面还套着一个黑色的小气球。你要是用特定的激光朝这两个气球上面打，会发现外面的白色气球还是好好的，但里面的黑色气球却爆掉了。这和我们的日常经验很不相符。正常情况下，里面气球是受外面气球保护的，只有外面气球先被破坏，里面气球才会爆掉。那为什么实验结果会这么奇怪？

我们知道，物质都是由原子组成的。原子中间有一个原子核，原子核外还有在固定轨道上运动的电子。现在再补充一点知识：不同轨道上运动的电子也具有不同的能量。这是什么意思呢？打一个简单的比方。平时，如果背着书包爬上五楼，会觉得累。为什么呢？因为把书包背到高处要消耗我们的能量。要是背着书包爬上十楼，会觉得更累，因为把书包带到越高的地方，需要消耗的能量就越多。消耗的能量都跑哪儿去了？其实这些能量都转化成了书包的一种特殊能量，我们称为重力势能。换句话说，十楼的书包本身就比五楼的书包拥有更多的能量。在地球上发射火箭也是如此。发射时消耗的燃料越多，就能把火箭送上离地球越远、本身能量也越大的轨道。

原子世界也遵循着同样的规律。要想把电子送上更高的轨道，就需要给它更多的能量。换句话说，位于较高轨道上的电子，本身也具有较大的能量。知道了这一点，很多事就好理解了。比方说，同样是气球，为什么颜色不同，有黑有白呢？最根本的原因是，这两种气球里的电子处于拥有不同能量的轨道上。

激光和其他光一样，都是由光子组成的。我们应该还记得，每个光子都有一定的能量。一般生活里常见的光，比如说太阳光，就包含着许许多多的光子，而且这些光子的能量有大有小。但激光非常特别，它里面每个光子的能量都一样大，这就是激光与普通光最大的区别。

刚才说过，对于不同颜色的气球，其内部电子的能量是不一样的。与此同时，每种激光的光子又都有一个特定的能量。当激光打到气球上的时候，如果气球里电子的能量与激光光子的能量不匹配，那它就不会吸收这种激光。但如果气球里电子的能量恰好与激光光子的能量匹配，那它就会吸收这种激光。

说到这里，我们应该已经想到了，黑色气球里电子的能量恰好与实验用的激光光子能量匹配，所以会吸收激光而最终爆掉，而白色气球里电子的能量与激光光子能量不匹配，所以不会吸收激光，什么事

都没有。激光祛斑的工作原理也一样。当激光照到脸上的时候，好皮肤里的电子能量与激光光子能量不匹配，所以会完好无损；而黑色斑块里的电子能量与激光光子能量匹配，所以会吸收激光而最终为激光所破坏。激光脱毛的工作原理也是如此。

在医学方面，激光可以用来击碎胆结石，用来做理疗，还可用于不见血的手术，简称无血手术。激光还可以用到军事上，比如激光武器。因为激光可以积聚极高的能量，所以激光武器非常可怕。最近，美国人把许多束激光集合到一起，得到非常高的温度，导致原子核发生反应。他们的最终目标是用激光实现受控热核聚变，这样就能产生无穷无尽的能源。在未来世界里，激光的应用还会变得更加普及。

梅曼一生获得了很多荣誉和奖项。他被授予各种院士头衔，比如美国科学院院士和美国科学与艺术院院士。他获得的最后一个大奖是沃尔夫奖，说起来有些遗憾，这个奖项是专门颁给那些没有获得诺贝尔奖的科学家的。也不知道是什么原因，梅曼一生都没有获得诺贝尔奖，最后只得了沃尔夫奖。前面提到了两位理论物理学家——汤斯和肖洛，他们最先想到了激光的可能。汤斯早在 1964 年就因为激光的理论而获得了诺贝尔奖，而肖洛直到 1981 年才因激光的理论而获得了诺贝尔奖。

以上就是激光研究的历史，接下来谈谈激光的原理和激光研究的史前史。

要说激光，就必须谈到受激辐射。前面说的雪崩就是一种受激现象。当一片雪花引起两片雪花共鸣的时候，这两片雪花也会跟着第一片雪花落下来。这两片雪花落下来的过程中引起另外四片雪花的共鸣，这四片雪花也落了下来。这四片雪花就导致更多雪花落下来。这就是

雪崩的现象，激光也是如此。

激光的产生有一个非常简单的方式，我们假想有一种惰性气体，比如氖气、氩气等，如果把这些气体原子中的电子用某种能量把它激发到一个能级上面，那么这些原子中的电子就有可能从这些能级跳到低能级。当原子中的电子从一个能量状态跳到更低的能量状态的时候，它就会辐射出光。除了太阳光以外，日常生活中的光基本都是这样发散出来的。当某种惰性气体原子中的电子激发到一个能级上时，假定我们把一些光子扔进气体里，这些光子有特定的波长，这些波长携带的能量刚好和原子的电子从第一个能级跳到另一个能级时的能量一样大，那么，这些光子就会导致这些原子受到感应和共鸣，这些原子就会辐射出与这个光子同样波长的光子。

这个现象就与雪崩现象的原理非常相似：一个光子导致两个原子辐射光子。假如把两个原子辐射出的光子留在原处，那么这些光子就会在这个区域里来回跑，使得更多的原子辐射光子，这样就会产生原子里电子跳跃的雪崩现象，而跳跃的结果就是辐射出很多很多波长一致的光子。如果把这些光子导出来，就是激光。

刚才我们说到共鸣，在这里，共鸣的含义是什么呢？

原子中的电子受到外来的光子的激发，它并没有接受光子，也没有接受光子的任何能量,只是产生了共鸣,这种共鸣现象叫作受激辐射。当然，原子中的电子由于能量比较高，有时候它会自动地从一个高的能量状态跳到一个低的能量状态，这种现象叫作自发辐射。这就像一个心情愉快的人会不由自主地唱起歌来，我们说他是自发地唱歌，相当于自发辐射；但是如果这个人是听到别人在唱歌，觉得这首歌很美，于是跟着唱起来，这就是产生了共鸣，相当于受激辐射。

原子中的电子产生了共鸣，于是跳下来辐射光子，但并没有吸收原先的光子，这就是光子会多出来的原因。当然，为了使原子里的电子不断处于高能量状态，就必须用不同的方式把原子中的电子重新放到高能量状态，比如通过电流的方式。总之，能量是守恒的，要想让很多很多电子受到共鸣而辐射光子，那么这些电子就必须得有能量来源，这就是激光的基本原理。

接下来讲讲激光研究的史前史。在这里，不得不再一次谈到伟大的物理学家爱因斯坦。1916 年，爱因斯坦试图在原子量子模型的基础上重新推导出普朗克关于光子的公式。前面说过，当很多光子放在一起的时候，给定一个温度，它就能满足一个公式，这个公式叫普朗克公式。要注意，当普朗克提出这个公式的时候，玻尔的原子量子模型还没有建立起来。但是到了爱因斯坦的时候，玻尔的原子量子模型已经建立起来了。既然要在原子量子模型的基础上重新推导出普朗克公式，爱因斯坦就不得不假设原子有两种可能的辐射：一种是电子自发地从一个能量状态跳到另一个能量状态，也就是自发辐射；另一种就是假定一个原子的周边突然跑过一个光子，这个光子的能量刚好使得原子中的电子受到了共鸣，这个电子就会辐射出同样波长的光子，也就是受激辐射。做完这两个假设后，爱因斯坦就非常完美地推导出了普朗克公式。这个新的推导与普朗克当年的推导完全不一样，然而，正是因为爱因斯坦发现了受激辐射公式，才导致了激光的发现。

其实，光子也有自旋。大量光子在一起的时候，它们的自旋也是一致的。这个时候就会产生一种宏观的现象，叫作偏振。在大学二年级的物理课程中就有这样的实验，拿一个镜片，只让一定的光经过镜片，这个镜片就叫作偏振镜片。所以，偏振实际上就是大量光子在一起自旋产生的现象。因此，我们可以说任何经典物理的现象背后都有量子物理的新的现象做支撑。

那么，为什么大量光子可以像在激光中表现的那样，能够处于同一个状态呢？

因为激光其实就是光子的雪崩，而这些光子的波长是一模一样的，有时甚至连自旋都是一模一样的。为什么会这样呢？我们前面在讲泡利不相容原理时说过，光子并不满足泡利不相容原理。现在就轮到玻色（Satyendra Nath Bose）登场了。玻色可以说是印度出现的第二个著名的物理学家，第一个著名的物理学家是玻色的老师，叫拉曼（Sir Chandrasekhara Venkata Raman），他得过诺贝尔奖，而玻色没有得过诺贝尔奖。

下面来介绍一下玻色的生平事迹。

玻色出生于 1894 年 1 月 1 日。他 30 岁的时候，是一位普通的大学教师，他想重新推导普朗克关于光子的公式。于是他就假设光子可以处于一个同样的能量状态，也就是不满足泡利不相容原理。这是玻色的一个最主要的发现。他把这个新的推导写成一篇论文寄给爱因斯坦。爱因斯坦读过后，立刻意识到这篇论文非常重要。于是，他亲自将其翻译成德语，并且以玻色的名义把这篇论文投递给当时全世界最著名的物理学刊物《德国物理学刊》。在爱因斯坦的支持下，这篇论文很快就发表了。因为爱因斯坦的赏识，玻色得以第一次离开印度，前往欧洲留学，并且和很多大师在一起学习，比如德布罗意、居里夫人以及爱因斯坦等。1926 年，玻色回到印度。此时的他已经不再是一位普通的大学教师了，他被升为正教授，当上了物理学系主任，一直到 1956 年光荣退休。

而爱因斯坦，虽然在 1916 年已经重新推导了普朗克公式，但是当他看到玻色又重新推导了一遍普朗克公式时，他突然意识到这里面有一个核心的想法，这个想法后来被称为玻色 - 爱因斯坦原理，就是说光子可以同处于一个量子态,而且所有的光子长得一模一样,不可区分。或许你会联想到孪生兄弟。但是光子之间的相同与孪生兄弟之间的相同还不一样，因为我们可以通过给孪生兄弟起名字，比如李大、李二，这样来区分孪生兄弟，但是我们无法给光子取名字，因为光子无法从根本上进行区分。

根据光子无法从根本上进行区分，以及光子可以处于同样的能量状态，我们可以重新推导出普朗克公式。在经典世界中，无论两个物体长得多么一样，我们都可以把它们区分开。但是光子永远都无法被区分，所以这是一个非常了不起的发现。

其实，所有的基本粒子都满足这种不可区分性，电子也好，质子也好，中子也好，都是如此。但是我们不能忘记光子还有一个非常重要的特性：光子不满足泡利不相容原理。简而言之，光子可以待在同一个能量状态，这个特性就是激光存在的根本原因。

激光就是大量长得一模一样的光子处于同一个能量态的体现。

第 12 课

薛定谔的猫死了吗?

在这一课里，我们要讲到量子力学中著名的“薛定谔的猫”。

根据玻尔、海森堡和玻恩等人的观点，也就是所谓的哥本哈根学派的观点，基本粒子一般会处于一个量子态，此时，它的位置是不确定的。当然，粒子也会处于一些特别的量子态，此时，它的位置是确定的。也就是说，当电子处于某一个位置的时候，代表了一个量子态；处于另外一个位置的时候，代表另一个量子态。

但是量子力学有一个特别重要的基本性质——量子态可以叠加起来。比如，电子处于位置 1 和处于位置 2 时的两个态是可以叠加起来的。当电子处于叠加态中的时候，它就有可能在位置 1，也有可能在位置 2。在这个时候，它的位置就开始不确定了。当然，我们还可以把更多的不同位置的量子态都叠加起来。根据玻恩的说法，基本粒子出现在很多不同的位置有一定的概率，这个概率能够用波函数来描述。薛定谔一直不接受玻恩的解释，他认为，波函数和量子态代表的不是电子的真实状态，而电子的真实状态应该是有固定的轨道的，在任何时刻都有固定的位置，就像我们日常生活中接触到的事物一样。

以薛定谔和爱因斯坦为代表的传统经典观点一直在跟哥本哈根学派论战，从1925年一直论战到1935年。到了1935年，爱因斯坦和他的朋友们设想了前文提过的EPR实验，他们试图通过这个实验说明：其实基本粒子都有准确的位置和速度，只不过在测一个基本粒子的时候，实验手段不够好，所以测不出来。

薛定谔在杂志上看到这个实验后，设计了一个更加有名的实验，这也是一种思想实验，很难实现，一旦实现就害死猫了。

这个实验是怎么设计的？

薛定谔是这样想的：把一只猫关在一个匣子里，这个匣子足够大，里面有空气，可以让猫好好地在里面生活。匣子里还安装了一个设置，在这个设置里放一个随时会衰变的原子核，比如铀之类的不稳定的原子核。

有些原子核的不稳定性是在19世纪下半叶才被物理学家发现的，其实这个发现也是构成量子力学的基础之一。美籍著名物理学家伽莫夫（George Gamow）曾说：“原子核衰变的过程可以用严格的量子力学来描述。”这句话的意思是，原子核的衰变和不衰变也是由波函数来描述的，具有概率性。比如，到了下一个时刻，一个原子核衰变的可能性是50%，不衰变的可能性也是50%；到再下一个时刻，它的衰变可能性或许就增大了，变为75%，不衰变的可能性可能只有25%了。总之，它始终处于衰变和不衰变的叠加态中。

再说回实验，匣子里除了这个随时会衰变的原子核，装置里还有一个盖革－米勒计数器，它是物理学家盖革（Geiger, Hans Wilhelm）和米勒（E. Walther Muller）共同发明的，可以捕捉到原子核衰变的产物，一旦接触到产物，会“咔嗒”响一下，并且引发它所连接的毒气瓶爆炸，或者也可以用手枪替代毒气瓶，引发手枪射击，无论用什么，都足以杀死这只猫。

总而言之，原子核衰变和不衰变的概率波函数导致了毒气瓶爆炸和不爆炸的概率波函数，同时导致了这只猫死活的波函数。也就是说，这只猫有可能死，这是一个量子态；也有可能活，这又是一个量子态。因此，这只猫每时每刻都处于活和死的叠加态里。

那么问题来了：这只猫到底是死了还是活着？

如果把匣子打开，发现这只猫是活的，那么猫就处于活的状态；如果把匣子打开，发现猫已经死了，那么猫就处于死的状态。但是永远都不可能在打开匣子之后发现这只猫既不是死的又不是活的，或者既是死的又是活的这种叠加态。所以，薛定谔认为他精心设计的思想实验，有力地反驳了哥本哈根学派的观点。

“薛定谔的猫”被讨论将近 100 年了。直到今天，大家还在一直讨论。当然，没有人真的做过这个实验。如果真的去做，确实就会如薛定谔所说的，打开匣子后，会发现猫要么是死的，要么就是活的，不会有人看到猫处于生与死的叠加态中。

后来，有一个研究原子核的著名物理学家维格纳（Eugene Paul Wigner），他甚至设计出一个以人为道具的实验，叫作“维格纳的朋友”。就是让一个大活人代替这只猫，而这个人无须另一个人来观测他，因为人是有意识的。当他在匣子里时，他可以自己观测自己，可以感觉到自己是死还是活。当然，他必定无法感觉到自己既是死的又是活的，或者既不是死的又不是活的。“维格纳的朋友”是否也反驳了哥本哈根学派的不确定性波函数的解释呢？当然，没有人敢去尝试这种实验，因为要冒着被毒气毒死的危险。

可是，尽管我们不敢拿猫或人来做实验，但物理学家确实实现了“薛定谔的猫”。当然，不是真的猫，而是体积较大的一块物质，它确实可以同时处于位置 1 和位置 2。

刚才说到了盖革－米勒计数器，现在就来谈一谈这个计数器。“薛定谔的猫”的实验要依赖于这样一个基础：把一个微观的不确定性的波函数放大成一个宏观的不确定性的波函数，而盖革－米勒计数器就可以实现这个前提条件。它是在正比计数器的基础上设计出来的，只不过要加更高的电压。在盖革－米勒计数器中充入有机气体或卤素蒸气，能够吸收光子。当带电粒子射入计数器中的气体时，离子就开始增殖，受激的原子就退激了，发出了紫外线。这些光子射到阴极射线上产生光电子，根据光电效应，光电子向阳极漂移的时候又引起更多的离子出现，于是管中形成自激放电，这样就能够计数。盖革－米勒计数器的灵敏度很高，现在任何人都可以在商店里买到盖革－米勒计数器来测试我们周边的放射线。比如，有人说福岛核泄漏造成放射性污染很严重，那么去日本旅游前就可以买一个盖革－米勒计数器随身带着进行测量。

盖革－米勒计数器确实可以把微观的波函数放大成宏观的波函数，但是“维格纳的朋友”的实验告诉我们，一个人的意识，要么是生，要么是死，没有生和死的叠加态。所以，我们就会产生这样的疑问：“薛定谔的猫”和“维格纳的朋友”到底有没有彻底反驳哥本哈根学派的解释？

经过多年的发展，如今，我们也可以做出很多种实验：把一些巨大的物体放大到一个量子叠加态里，比如，大约 1.6 亿个光子就可以处于两个不同的叠加态中；或者一个沙砾般大小的鼓可以处于震动和不震动的叠加态中；还有就是在超导体里可以实现一个同时向左流又向右流的电流，这也是一个叠加态；斯坦福直线加速器实验室还借助“薛定谔的猫”的原理制造出原子运动的 X 射线电影，能够更加清晰地呈现原子运动的细节。这些都是真实实验中的“薛定谔的猫”。

那么，为什么说猫不可能既死又活呢？关于这一点，有很多现代的解释，或者是后现代派的解释。这里要详细谈一谈其中的一种解释，也就是多世界的解释。

发明多世界的人，名叫艾维特（Hugh Everett），他也是一个天才。他在普林斯顿读书时，惠勒（John Archibald Wheeler）是他的老师。惠勒是一位著名的核物理学家，他是玻尔的学生，在玻尔那里学成之后就回到了美国，成为开创美国现代物理学的一个著名人物。他除了发明黑洞这个概念，还带出了著名物理学家费曼（Richard Phillips Feynman）、提出黑洞熵概念的以色列物理学家贝肯斯坦（Jacob Bekenstein），以及艾维特这样的天才。

艾维特难以接受哥本哈根学派的理论，但是又没有办法解释“薛定谔的猫”这样的思想实验。于是，他提出，其实波函数可以理解为很多平行世界的存在，一个粒子可以在一个世界中处于位置 1，在另一个世界中处于位置 2，这样一来，猫也能处于两个世界，一个是活的世界，一个是死的世界。但是，如果猫知道了自己的生存状态，那么它就只能在这两个世界中选择一个，要么在活的世界里意识到自己

是活的，要么在死的世界里没有意识，这就是两个平行世界。

这两个平行世界是怎样形成的呢？当原子核衰变与不衰变、毒气瓶爆炸与不爆炸的两种状态向前演化的时候，这个世界就开始分裂了，分裂成一个原子核衰变的世界和一个原子核没有衰变的世界。在原子核衰变的世界里，毒气瓶就爆炸了；在原子核没有衰变的世界里，毒气瓶就没有爆炸。而在毒气瓶爆炸的世界里，猫是死的；在毒气瓶没有爆炸的世界里，猫是活的。而当物理学家打开匣子后，如果看到猫是活的，那么他就和猫同时处于原子核没有衰变的世界里；当他打开匣子后，如果看到猫是死的，那么他就和猫同时处于原子核已经衰变的世界里。

这种多世界理论很好地解释了为什么我们看到的猫要么是活的要么是死的，或者“维格纳的朋友”要么觉得自己是活的要么觉得自己是死的，不可能有既生又死的状态，因为没有这样的世界，只有活的世界，或者死的世界。

当然，我们还可以把这个二分的世界扩展为很多很多世界。比如，我们在身体不舒服的时候可以说，背疼和脚疼是一个世界，背疼和脚不疼是第二个世界，背不疼和脚疼是第三个世界，背不疼和脚不疼是第四个世界。这样一来，就可以扩展出很多很多世界。

这个多世界的解释也引起了很多争议：有必要为了解释哥本哈根学派的理论而引入这么多累赘的平行世界吗？到底有没有平行世界呢？为了回答这个问题，麻省理工学院的一个物理学家提出了第三个思想实验——“量子之差”。通俗地说，如果你足够勇敢，可以尝试变成薛定谔的猫，待在匣子里，进入两个不同的世界，在一个世界里你是活的，在另一个世界里你是死的。这是一个很极端的实验。但无论成功与否，这个实验都跟哥本哈根学派的解释不矛盾，和多世界的解释也不矛盾。

当然，至今为止，多世界的解释依然是一个非常好的解释，因为你我没有办法在逻辑上否定它。尽管我们不敢做量子自杀的实验，但是物理学家确实可以制造出宏观的量子态，比如说在超导体里的电流会同时向左流和向右流。当我们去测量电流的时候，它要么就是向左流，要么就是向右流，不可能同时向左又向右。也就是说，一旦形成了测量，我们就会发现测量结果和电流跑到同一个世界里了。因此，这个超导体里的电流也有两个世界，在一个世界里，电流是向左流，测量设备的指针就向左偏；在另一个世界里，电流是向右流，测量设备的指针就向右偏。

所以，世界的万事万物都是互相关联的，这也是一种量子纠缠。电流向左流和实验仪器向左偏相关联，电流向右流和实验仪器向右偏相关联。打开匣子，看到薛定谔的猫是活的和你得到“猫活着”的消息是关联的；看到薛定谔的猫是死的和你得到“猫死了”的消息也是关联的。

还有一个更有趣的比方：你走在大街上，一个漂亮的女人向你抛了一个媚眼，你有可能看到了这个媚眼，也有可能没看到。这取决于你的眼睛向这个女人辐射过去的光有没有反射回来，如果反射回来了，你就有可能爱上这个女人；如果没有反射回来，你就不会爱上这个女人。此时，世界也分裂成两个，在其中一个世界里，你看到了这个女人向你抛过来的媚眼，你爱上了她，然后你们可能就会结婚生子，你有了自己的家庭；在另一个世界里，你没有看到她抛过来的媚眼，也就不会爱上她，仅仅和她擦肩而过，可能以后也会一直单身。因此，多世界是一种奇妙的解释。在这种解释中，我们可以活在很多世界里，在每个世界里有着不同的状态。

还有一种更加现代的解释叫作量子退相干，它也很好地解释了为什么我们不可能体会到既生又死的状态。

举例来说，人需要呼吸，呼吸需要空气，空气是一个含有大量粒子的系统，这个系统会让人的量子态退到一个固定的状态，要么是活的状态，要么是死的状态。如果一个人呼吸了一定量的空气，那么他的量子退相干的时间非常短，立刻从既死又活的这种量子叠加态迅速退相干成活的状态，或者迅速退相干成死的状态，所以量子退相干也能解释哥本哈根学派的理论。我们看到的结果要么是结果 1，要么是结果 2。在一定概率下，我们看到结果 1 的概率是 50%，看到结果 2 的概率也是 50%，但是不可能看到这两个结果同时存在。所以，传统的哥本哈根学派的解释还是对的，一个基本粒子可以同时处于位置 1 和位置 2，但是当人去观测的时候，观测仪器里存在的大量物质与被观测的基本粒子发生相互作用了，使得这个基本粒子在极短的时间内退相干了，因此只能观测到它在位置 1 或者位置 2，不可能观测到它同时处于位置 1 和位置 2。

尽管前面说到物理学家可以自备出来很多宏观的系统，使一个物质同时处于位置 1 和位置 2，但是当这种“同时处于”的状态出现时，就意味着我们并没有去观测这个物质，而一旦去观测它，就只能看到它要么处于位置 1，要么处于位置 2。比如，刚才说过的超导体里的电流，我们可以测出它要么向左流，要么向右流，不可能同时向左流和向右流，因为测量电流的指针含有大量粒子，它们与电流相互作用，使得电流退相干了。

至此，我们已经谈到了三个解释：一个是哥本哈根学派的解释，一个是艾维特的多世界解释，还有一个就是量子退相干的解释，所有这些解释在逻辑上都成立，也都互不矛盾。

最后，总结一下这一课的内容。我们用“薛定谔的猫”引发出几个概念，其中一个概念就是：不确定性原理是正确的。如果用量子退相干来解释，也就是说，我们可以用大量的东西和被观测的东西进行相互作用，并且选择出一个结果，当然，这个选择的结果可能有很多种，无法确定，但必定会有一个选择。如果用多世界来解释，那么就意味存在着无穷多个量子平行世界，每个世界都包含着一个结果，因此也有无数多个结果，比如前面举的例子，当测量电流时，仪器指针向左偏的时候电流向左流，指针向右偏的时候电流向右流。在我看来，最中庸的办法就是同时接受哥本哈根学派的解释、多世界的解释以及量子退相干的解释，因为任何一个单独的解释都不够完美，结合起来才更容易让人接受。

第 13 课

半导体的前世今生

大家应该都听说过半导体。在没有半导体的时代，所有东西都很大，因为那时电器的主要元件是电子管。电子管的构造是用玻璃包住真空，真空中有电极等东西。收音机、电视机的核心元件都是用电子管做的。今天的电视机屏幕除了液晶屏幕之外，如果还是荧屏的，那这些荧屏也都是用电子管做的，因为电子管的放大信号效应比较好。

几十年前，在我小时候，那时的人如果有了钱，就会买一个电子管做的收音机。这种收音机非常大，大概有半米长，很厚，很高，能收到好几个电台，放在桌子上非常壮观，完全可以当作家里的装饰品。那时衡量一个人有没有钱，就看他家有没有电子管收音机。

最早的计算机也是用电子管做的，名叫 ENIAC。它是 1946 年造出来的巨型计算机，长 30 米、宽 6 米、高 2.4 米，这个大小以今天的眼光来看几乎可以算是一栋豪宅了。ENIAC 里有 17468 根真空管、7200 根二极管、1500 个中转器、70000 个电阻、10000 个电容器、1500个继电器，还有6000多个开关，总重量达到了31吨，比现在一般的货车都要重。这台计算机每秒可以做 5000 次加法或 400 次乘法，比现在市面上最差的计算机还要

慢得多，但在当时已经是世界上最先进的计算工具了。运转它所需要的电足够开动今天的 75 台挂式空调。

有了半导体之后，收音机就变得越来越小，最后小到可以拿在手里，甚至可以放在掌中，装在衬衣口袋里。

半导体的横空出世彻底变革了电器世界，也改变了我们的生活。

老旧的电子管收音机

半导体到底是什么呢？现在所指的半导体，就是用半导体制造出来的二极管和三极管。半导体有单向导电功能，主要由二极管进行单向导电。当然，三极管也可以做到单向导电。单向导电的意思就是，从一个方向给二极管加电压可以通电流，从另一个方向则电流不通，就像一个闸门一样。这并不意味着另一个方向绝对不通电流，当把电压加到很大，反向击穿二极管后，另一个方向也就可以通过电流了。但是这样一来，这个二极管就毁掉了，没法再投入使用。

比半导体二极管更早出现的是电子真空二极管，它是用电子管制成的，这个发明还和爱迪生（Thomas Alva Edison）有点关系。爱迪生因发明灯泡而著名。一开始，灯泡用的灯丝是碳丝。由于碳丝会蒸发，寿命很短，爱迪生就在灯泡里放了一根铜丝来阻止碳丝蒸发。没想到，碳丝照样蒸发，但铜丝上有电流了，原来是碳丝上的电子跑到铜丝上了。有了这项发明后，爱迪生赶紧注册了专利。

后来，在 1904 年，英国物理学家弗莱明（John Ambrose

Fleming）利用爱迪生的发明制造了第一个电子真空二极管。

接下来，我们谈谈真正的半导体二极管。半导体二极管把两种不同的半导体放在一起，由于量子力学的原因，一种半导体里有自由的负电荷，也就是电子，另一种里有自由的正电荷，也就是损失了电子的原子变成了一个带正电的离子。自由的负电荷是怎么形成的？举例来说，在晶体硅里加一点磷，磷原子最外面有 5 个电子，硅原子最外面有 4 个电子，它可以吸纳磷原子外面的 5 个电子中的 4 个。这样一来，由于量子力学效应，两个原子——硅原子和磷原子共用 4 对电子，因此，被吸纳的磷原子外层剩下的一个电子就很容易脱离，它就可以到处跑，变成一个自由的负电荷。

我们还是以晶体硅为例，说说自由的正电荷形成的过程。这一次，我们往晶体硅里加一点硼。硼原子最外层有 3 个电子，不够硅原子吸纳的，因为它需要吸纳 4 个电子，所以它就必须从别的原子里再吸一个电子过来。这样一来，由于量子力学效应，为那两个结合的硅原子和硼原子贡献了一个电子的原子就带正电了，变成了一个带正电的离子。

带自由负电荷的半导体被称为 N 形半导体，带自由正电荷的半导体被称为 P 形半导体。现在，我们把一个 N 形半导体和一个 P 形半导体放到一起，由于自由的负电荷和自由的正电荷之间相互吸引，彼此中和以后，原本带自由负电荷的一端就变正了，而原本带自由正电荷的一端就变负了。现在，在这两个半导体上再接一个电磁，电磁的正极接到 P 形上，负极接到 N 形上。只要电压足够大就会产生电流，而倒过来则不会产生电流，这就是半导体二极管。

半导体二极管的发明者是罗素・欧尔（Russell Ohl），他当时在美国电报电话公司下属的贝尔实验室工作。1939 年，他偶然发现，如果把 P 形和 N 形的半导体放到一起，就具有单向导电功能。他利用这种二极管发明了第一个太阳能电池。

半导体二极管的应用很广，比如，无线电广播、通信和军事雷达等等。它就像是电路中的一个闸门，非常重要。如今，在集成电路里有大量的二极管。集成电路就是用激光在硅晶体上刻出很多电阻、二极管和三极管等小东西，然后把它们连通起来。

说到三极管，它也是一项很重要的发明，甚至可以说，没有三极管就没有如今所有的电子器件，包括计算机、电视机和手机等。

三极管的构造很简单，只比二极管多了一块晶体，比如在两个 P 形半导体中间加一个 N 形半导体，或者在两个 N 形半导体中间加一个 P 形半导体，像一块三明治一样。然后把这三块半导体的每一块接一根电线出来，这样就有了三个极，所以叫三极管。

三极管的应用非常奇特，比如在两个极之间通一个电流，这个电

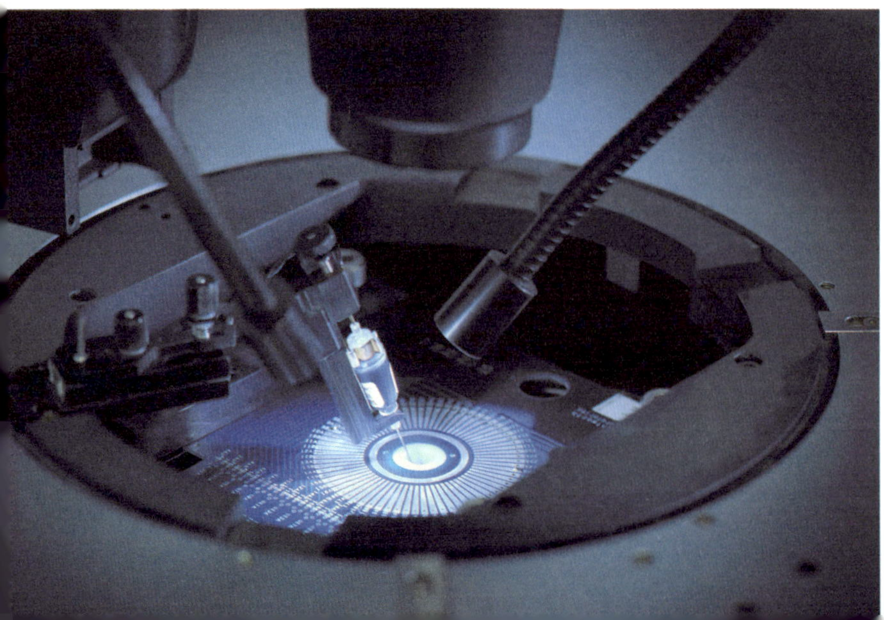

流可以在另外两个极之间放大，也就是说，三极管也可以起到放大信号的作用，手机、电视机等都需要利用三极管的这个功能。它还有一个作用就是开关，我们可以关闭一个电流，也可以打开一个电流，这个在计算机里太重要了，因为计算机的工作原理非常依赖于开关。

在大规模集成电路中，比如手机中就有无穷多个二极管和三极管。这种半导体的二极管和三极管有很多优点：它们体积很小——如今最小的二极管和三极管已经达到了几个纳米级别了；它们的寿命相对来说也很长，当然不是无限长，但比电子真空二级管的寿命要长很多。

三极管的发明要比二极管晚一些。到了“二战”之后，1947 年，贝尔实验室成立了一个小组，专门研究半导体。这个小组里都是非常聪明的人，其中有三个极其聪明的人——肖克利（Shockley,William Bradford）、巴丁（John Bardeen）和布拉顿（Brattain,Walter Houser）。

巴丁得过两次诺贝尔奖，在物理学史上独一无二。居里夫人也得过两次诺贝尔奖，不过一次是物理学奖，一次是化学奖，而巴丁得了两次物理学奖。当然，这也不足以说明他有多特别，毕竟像爱因斯坦在 1905 年的成就已经足够他获得三次诺贝尔物理学奖了。尽管爱因斯坦仅仅因为光子的命名和光电效应的解释在 1921 年获得了一次诺贝尔奖，而他的狭义相对论和广义相对论并没有获奖。

1939 年，半导体二极管在贝尔实验室里诞生了。到 1947 年，贝尔实验室已经非常有名了。1947 年 11 月 17 日到 12 月 23 日，在这一个月零六天的时间里，巴丁和布拉顿偶然发现信号可以通过一些方式进行放大。他们的组长肖克利是个非常敏锐的人，他把巴丁和布拉顿

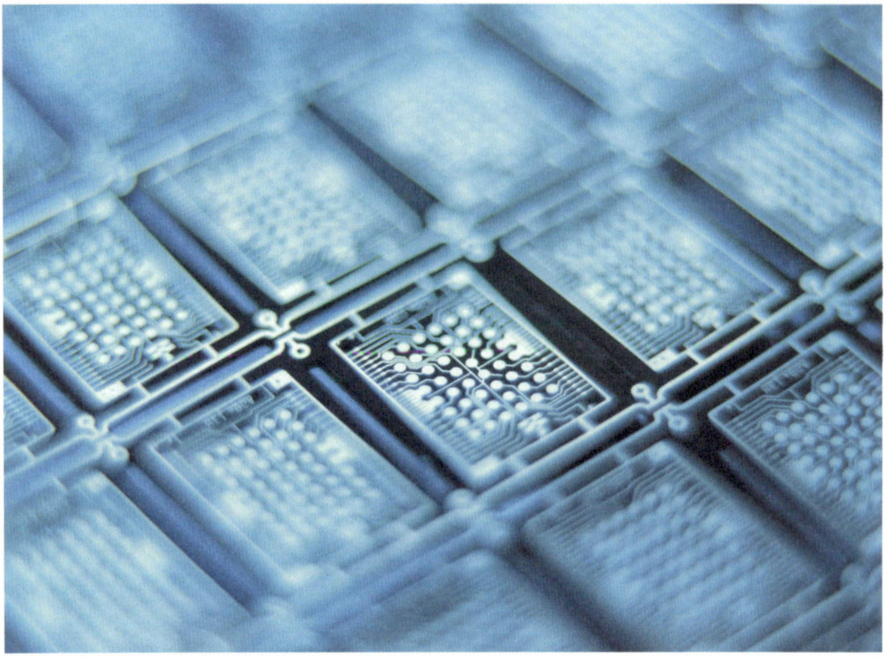

的发现系统地总结出来，并且用更好的材料加以实现。这样，我们如今看到的三极管的模式就被完整地发明出来了。此后，这项发明被注册了专利。九年后，也就是 1956 年，这三个人因为发明三极管得到了诺贝尔物理学奖。

1957 年，巴丁又和他的两个学生——研究生施里弗（Schrieffer, John Robert）、博士后库珀（L.V.Cooper）一起发现了超导体的机理。超导体也是很重要的一种量子力学现象。因为这一成就，他们三人共同获得了 1972 年的诺贝尔物理学奖。

超导体虽然也很重要，但在今天工业中的重要性还远远比不上三极管的重要性。三极管可以说是现代世界科技生活的基石，没有三极管就没有一切。所以，肖克利、巴丁和布拉顿因发明三极管而获得1956年的诺贝尔奖确实实至名归。后来，电子工程的国际性组织又把三极管的发明认定为人类用电历史上的重大里程碑之一。二极管和三极管都应用到了量子力学，因此也可以说，量子力学是现代文明的社会基石。

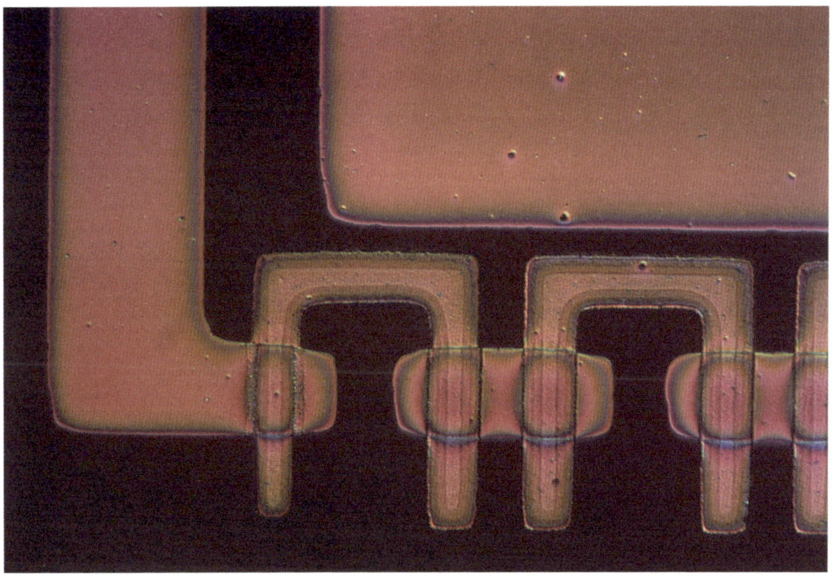

了不起的超导体

第 14 课

现实版谢耳朵的故事以及英特尔的诞生

上一课谈到了半导体二极管和三极管的发明，它们都是在美国著名的贝尔实验室里发明出来的。没有三极管的发明，就没有如今的信息时代。信息时代分为三个阶段，第一阶段是计算机的发明，第二阶段是互联网的发明，第三阶段是移动互联网的实现和普及。无论是计算机、互联网还是移动互联网，都离不开二极管和三极管。

以前，三极管还被称为晶体管。它有两个主要功能。其一为放大功能，如果把三极管的三个极中的两个极连成第一个回路，另外一个极和前面已经连成回路的两极中的一极连成第二个回路，那么第一个回路中的电信号就可以被放大到第二个回路中。也就是说，第一个回路能够控制第二个回路，这就是三极管放大信号的作用。其二，三极管还能起到闸门的作用，也就是开和闭的作用，这也很重要。我们知道，现代的计算机主要以两种方式表示数字：一个是 0，一个是 1。在电路中，闭合就相当于 0，打开就相当于 1。如果用乘法来计算，0 乘以 1，还等于 0；0 乘以任何数字，都等于 0。因此，在一个回路中，只要有一个闸门是闭的，那么这个回路就是闭的。如果所有闸门都是开的，都相当于 1，那么 1 乘以 1 等于 1，因此电路也是开的。所以，用三极管开闭电路也是现代

储存器以及电脑控制中心的工作原理。

1954 年，第一台晶体管收音机诞生并投入市场。这台收音机可以放在口袋里。在此之前，收音机都是用电子管做的，体形庞大，不方便携带。

计算机里最重要的逻辑门也由三极管构成。一个逻辑门中大约含有 20 个三极管。集成电路的发明使得小型计算机的实现成为可能。集成电路就是用激光在硅片上刻出电路，这个电路中含有二极管、三极管和电阻等元器件，可以说是缩小型的大规模电路。2002 年，如果我们把当时世界上所有电子元件中的晶体管平均分摊到人们身上，每个人可以分到 6000 万个。到了 2009 年，一个微处理器里可含有 30 亿个晶体管，这很不得了。现在又过了快 20 年，每个人或许已经能分到数亿个晶体管了。

晶体管的发明人之一肖克利可以说是“硅谷之父”。他出生于

1910 年，比量子力学的发明人海森堡、薛定谔、狄拉克等人要小。其实，他错过了量子力学的黄金时代。但是，他的一位名叫约翰·斯雷特（John Slater）的老师刚好搭上了黄金时代的便车——约翰·斯雷特早年留学欧洲，学习了量子力学，同时将量子力学应用到分子原子物理中。在欧洲期间，斯雷特正好跟量子力学之父玻尔在一起工作。毕业后，斯雷特回到美国，开启了美国固体物理的研究时代。随后，美国的固体物理研究很快超越了欧洲。肖克利就这样赶上了固体物理的研究时代，因此，他起初研究的是固体物理。在固体物理方面，他有很多贡献，比如，关于固体的断裂或错位，他曾提出“肖克利错位”的理论，也可以称为“肖克利缺陷”。

肖克利出生在英国伦敦，父母是美国人。3 岁时，他跟随父母回到了美国加州旧金山湾圣克拉拉县的帕洛阿尔托。这里刚好是著名的斯坦福大学的所在地。在西班牙语中，帕洛阿尔托就是“很高的树”的意思，而这座城市就是以一棵很高的树来命名的，据说这棵树现在还在，年龄已经超过1000岁了。

肖克利的父亲是一位矿产工程师，能说八种语言，是一位语言天才。肖克利22岁的时候毕业于加州理工学院，四年后在麻省理工学院获得博士学位，他的博士导师就是前面提到过的约翰·斯雷特。博士毕业后，肖克利加入了贝尔实验室。在此之后，很快，第二次世界大战爆发了，肖克利参加了雷达研究项目，还指导了一个研究反潜艇的小组。因为战时的贡献，1946年，他获得了美国的荣誉勋章，在美国，这是非常崇高的荣誉。在日本投降之前，他还为美国政府准备了占领日本的报告。报告里指出，如果常规占领日本，日本的死亡人口数量将在500万～1000万之间，但美国也会付出很大代价，会出现170万～400万伤亡。因为他的报告，美国政府决定对长崎和广岛投放原子弹，以提前结束战争。

关于三极管的发明，还有一个趣事。肖克利、巴丁和布拉顿三人组原本的发明是点接触型三极管，也就是拿两根金线接在一个半导体上，但在发明问世后，肖克利认为，用PN结做三极管更有商业前途（PN结就是把P形半导体和N形半导体放在一起），于是，他自己私下发展这种三极管，不让巴丁和布拉顿知情，结果他们之间闹翻了。当然，私下发展三极管以及注册专利，让肖克利获得了极大的利益。1955年，他离开了贝尔实验室，创立了肖克利半导体实验室，这个实验室就是硅谷的前身。

看过美剧《生活大爆炸》的人应该知道，里面有个角色叫谢尔顿·库珀（Sheldon Cooper），是一个高智商低情商的典型例子。肖克利就是现实版的谢尔顿·库珀。更糟糕的是，他完全不懂商业运作。按照一个硅谷经理的话说，在管理方面，肖克利是一个“十足的废物”。

但是肖克利完全没认识到自己的缺点，还特别专横跋扈、唯我独尊。有一次，肖克利跟女秘书在实验室里被图钉划破了手，他就怀疑公司里有人想搞阴谋害他，于是他就聘请了私家侦探进行调查。所有员工都被迫接受了一个测谎测试，听起来是不是很荒唐？

还有一次，肖克利与一个非常重要的投资者开会，谈到如何控制公司的研发成本时，肖克利突然大发脾气地说：“我的公司必须我说了算！你要是不喜欢我的管理方式，那就分手好了。”听了这话，对方立刻就和肖克利一拍两散。

更要命的是，肖克利这个人野心很大，想要发明一种里程碑式的

晶体管之父肖克利

晶体管产品，让一个晶体管的生产成本只有 5 分钱。可惜的是，他的想法太超前了。这种低成本的晶体管，一直要到近 30 年后才有人做出来。因此，在当时，肖克利公司也一直造不出像样的产品。一些最优秀的员工向肖克利提议，为了控制成本，可以做一些小晶体管，然后再把几个小晶体管集成在一起，这就是今天大家熟知的集成电路。但是，肖克利很自以为是，总觉得只有自己聪明，根本不把别人的建议当回事。肖克利的态度，让这些追随他的青年才俊寒了心。

1957 年，发生了一个著名的事件，肖克利公司的八个主要员工集体跳槽，这就是硅谷历史上著名的“叛逆八人帮”。他们在一个摄影器材公司老板的资助下，开了一家新公司，叫作仙童半导体公司。只用了短短两年时间，仙童公司就研发出了集成电路，从而彻底改变了整个电子行业，甚至是整个世界的面貌。更重要的是，仙童公司为硅谷培育了成千上万的技术人才和管理人才，是当之无愧的硅谷的“西点军校”。

这八个“叛徒”离开以后，肖克利的公司就一蹶不振了。1960 年，肖克利被迫卖掉了自己的公司，然后去斯坦福大学当了一个物理系的教授。肖克利晚年的时候依然情商很低。他写了一篇论文，宣称黑人的智商平均要比白人低 20%。这番言论立刻在全美国掀起了轩然大波，愤怒的黑人学生在校园里焚烧了肖克利的画像。没有第二位诺贝尔物理学奖得主能让人痛恨到这种地步。

但是，仙童半导体公司也没有风光太久。由于和母公司老板之间的矛盾，“叛逆八人帮”又陆续地离开了仙童公司，去创办新的企业。后来，仙童公司也日益衰败，被卖掉了。

可以说，没有肖克利公司的倒闭，就没有仙童公司；没有仙童公司的倒闭，就没有整个硅谷。苹果公司精神领袖乔布斯（Steve Jobs）曾经做过一个形象的比喻："仙童公司就像一个成熟的蒲公英，只要轻轻一吹，创业的种子就会随风四处飘扬。"

在"叛逆八人帮"里出了一个特别有名的人，叫摩尔。摩尔离开仙童公司后，创办了一个专门生产半导体芯片的公司，这就是大名鼎鼎的英特尔公司。今天绝大多数手机和电脑里的芯片，都是英特尔公司生产的。

大名鼎鼎的英特尔公司

第 15 课

在绝对零度中活跃的超导体分子们

至此，我们已经讲了量子力学的两大应用，一个是激光，一个是半导体。在这一课里，我们来讲讲量子力学的第三大应用——超导体。

超导体在20世纪初就被发现了，与量子力学理论的萌芽几乎在同一时期。但是，在长达半个世纪的时间里，物理学家始终不清楚超导体的理论，直到晶体管的三位发明者之一——约翰·巴丁攻克了这一难关。

巴丁比肖克利大两岁。在发明了晶体管之后，肖克利就去挖掘晶体管的商机了，而巴丁也离开了贝尔实验室，到伊利诺伊大学香槟分校物理系任教，并开始了超导体的研究，也因此再一次获得了诺贝尔物理学奖。这一次，他与自己的学生施里弗和库珀共同分享了这一奖项。据说，《生活大爆炸》里的谢尔顿·库珀有两个原型，一个是肖克利，另一个就是库珀。

巴丁家族是一个传奇的家族。巴丁有两个儿子，都是物理学家。一个叫威廉·巴丁，是一位很有名的粒子物理学家，曾经在费米实验室担任理论组的领导直至退休。另一个儿子叫詹姆斯·巴丁，是一位著名的天体物理学家，研究宇宙学，和霍金一起研究过黑洞，他还是费曼的学生。

巴丁

接下来，我们言归正传。

超导体与导体有什么区别？

我们知道，铜、银和金都是很好的导体，但是它们有电阻。比如，用一根铜丝接上电池，产生的电流大小与铜丝的电阻成反比。铜丝的电阻越大，产生的电流越小；铜丝的电阻越小，产生的电流越大。银的电导性质更好一些，但它同样有电阻。而超导体就是在一定温度下电阻会突然消失的材料。用超导体通上电流后，立刻把电池撤掉，电流依然会在超导体里流动，不需要任何电压。我们知道，如果电阻不等于 0，那么一个 0 电压除以一个电阻，得到的电流一定是 0；如果电阻等于 0，那么一个 0 电压除以一个 0 电阻，可以得到任何电流。

超导体的发现非常偶然。当时，在荷兰莱顿大学有一位叫昂内斯（Heike Kamerlingh Onnes）的著名物理学家。他是第一位制造出液氦的科学家，液氦的温度非常低，要达到 -270℃才能维持液体的状态。而真正的温度有一个绝对的标度，也就是说，达到一定温度后，就不可能再有更低的温度了，这个温度叫作绝对零度，大约为 -273℃，液氦的温度只比绝对零度略高一点。所以说，昂内斯是第一个能将温度降到 -270℃的人。

在实现了极低温度之后，有一次，昂内斯要外出旅行，就嘱咐自己的学生，在他旅行期间，把各种材料都扔到液氦里，看看会发生什么反应。他的学生按吩咐去办了，然后发现，汞（水银）放到液氦里后，电阻会突然消失，即汞在 -270℃的温度下会变成超导体。昂内斯非常高兴，他知道这是比液氦更重要的发现。后来，这项发现让他获得了1913 年的诺贝尔物理学奖。

超导体有一个重要的特性：把一个超导体放在磁铁上，它会飘浮在磁铁上方。因为超导体里不能有磁场，所以磁铁的磁场无法进入超导体，只能环绕在超导体周围，于是产生了一种托力，把超导体托在上面。超导体的这种排斥磁场的效应被称为迈斯纳效应，是由一位名叫迈斯纳（Walter Meissner）的物理学家发现的。

有人说，也许有一天，我们可以利用超导体制造出悬浮的火车，甚至悬浮的汽车。但现在还无法实现，因为大部分超导体依然需要极低温度，即便是所谓的高温超导，它的温度也低于零下很多摄氏度。上海浦东机场的磁悬浮列车其实并不是超导体磁悬浮列车。如果想制造超导悬浮列车需要花费巨大的财力，但是这并不意味着低温超导在我们的世界中就没有多大意义了。

它依旧非常重要。比如，它在制造高能粒子加速器中能起到巨大作用。欧洲核子中心的一个大型强子对撞机就是利用低温超导制造而成的。不久前，中国的一些物理学家也建议国内制造一个大型对撞机，但这要花费 200 亿～ 1000 亿人民币，究竟要不要实施，还在争论中。大型强子对撞机之所以会这么昂贵，恰恰是由于低温超导的开销成本相当高，高成本的低温超导材料几乎占到全部开销的一大半。

那么，超导到底是如何产生的呢？

尽管科学家已经能够制造出超导体，但是，它的物理学原理究竟是什么？这是巴丁离开贝尔实验室，来到伊利诺伊大学工作之前就在

思考的问题。那个时候，距离昂内斯发现超导体已经过去了半个世纪，在这半个世纪中，没有人知道超导体究竟是如何产生的。尽管物理学家可以试错，但始终无法了解它的物理机制。

巴丁在伊利诺伊大学任教期间，施里弗是他带的研究生。施里弗和肖克利一样，也是约翰·斯雷特的学生。在跟随巴丁之前，施里弗已经在伊利诺伊大学读两年研究生了。他希望能够跟随巴丁一起研究课题，巴丁对他说："超导体理论太难了，这么多年都没有人知道，你还很年轻，所以可以浪费几年时间来研究超导体。"

巴丁的另一位学生是博士后利昂·库珀。库珀比巴丁小 22 岁，毕业于哥伦比亚大学，花了三年时间在哥伦比亚大学拿到博士学位，然后去了普林斯顿高等研究院。库珀是杨振宁推荐给巴丁的，当时，杨振宁在普林斯顿高等研究院做教授，库珀跟随他做博士后，研究粒子物理。巴丁需要一位粒子物理方面的专家帮助自己做研究，他向杨振宁求助，杨振宁就把库珀推荐给了他。库珀在发现超导理论的过程中起到了非常重要的作用。

之前说过，电子满足泡利不相容原理，也就是说，两个电子不可能在同一个位置上，也不可能在同一个轨道上。从根本上说，它们完全不可能处于同一个量子态。根据泡利不相容原理，无论把温度降到多低，电子都不可能在一个导体里形成不需要电压的电流，因为电子会互相排斥、互相撞开，这就是电阻的来源之一。电阻有两个来源，一个是电子在导体里运动时撞到原子核上受到阻力，一个是撞到其他电子上受到阻力。由于电子满足泡利不相容原理，因此它不可能起到一个没有电压的导电作用。

但是，库珀发现了一个非常重要的物理学现象：在极低温度下，电子可以两两配对。既然电子满足泡利不相容原理，而且电子还有负电荷，同性相斥，那么为什么它们还会形成配对呢？库珀发现，这是因为在极低温度之下，电子与导体中的原子核发生相互作用，即一个电子与一个原子核发生作用，另一个电子也与这个原子核发生作用，并间接地令这两个电子之间产生非常微弱的吸引力。这个吸引力虽然微弱，但足以使这两个电子形成配对。然后，这个电子对就可以满足玻色－爱因斯坦原理。也就是说，它们可以处于同一个状态。

比如我们可以让一个电子对在一个方向上运动，还可以让另一个电子对也在一个方向上运动，运动的速度一样。虽然电子无法实现这一点，但是电子对可以，因为电子对不满足泡利不相容原理，而是满足玻色－爱因斯坦原理。

这个现象是库珀发现的，因此在极低温度下配对成功的电子被命名为“库珀对”。有了这一发现后，库珀发表了一篇文章。与此同时，施里弗正在纽约度假，他看到库珀的文章后，突然想到库珀的发现可以解释超导，于是很快写下一个方程，并且解答出来，便发现里面刚好包含了超导。

“库珀对”非常像光子，因为光子是满足玻色－爱因斯坦原理的，这一原理使光子得以形成激光。而“库珀对”也满足玻色－爱因斯坦原理，超导就是大量的电子对处于同一个量子态里，因此我们可以把超导想象成电子对的激光。

在发现了超导理论和“库珀对”之后，1958年，库珀去了布朗大学，在那里一直待到退休。

而施里弗在1980年到了加州大学圣巴巴拉分校，那里有一个著名的理论物理所，他在那里担任所长。后来，他又去了佛罗里达大学。他热爱豪车，喜欢喝酒。2004年，他在伯克利买了一辆豪车之后，因为酒驾，撞死了一个人， 撞伤七人，坐了两年牢。

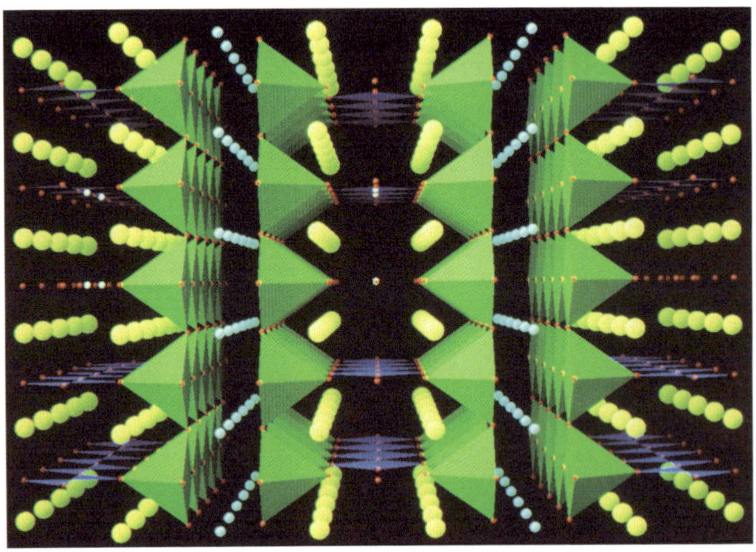

超导体

第16课

按人类年纪来算，计算机多大了？

我们在前面讲了半导体、激光等，这些都是量子力学在现代工业里最重要的应用。有人说，美国 60% 以上的 GDP 是依靠量子力学所依赖的工业产品创造出来的。其实我认为，计算机和软件也可以算作量子力学产品。

首先来讲一讲计算机最基本的原理。

20 世纪六七十年代，尽管计算机已经问世二三十年了，但是还没有普及大众。那个时候，人们计算用的工具还是纸笔或者算盘。或许现在很多年轻人都没有用过算盘，但是在网上和博物馆里还是可以见到的。

算盘由一个木框子、几条珠杆以及珠杆上穿的算盘珠组成。这些算盘珠可以移动，所有珠杆都被一根木条分成了两层，上层有两颗算盘珠，下层有五颗算盘珠，下层的算盘珠移上去一颗就代表 1，移上去两颗就代表 2，以此类推，超过五个后，就把上层的一颗移下来一颗代表 5，到了两位数时，就要进一位。算盘用的是十进制。在十进制中，小于 100 的数字用两位表示，小于 1000 的数字用三位表示，小于 10000 的数字用四位表示，以此类推。当我们说，一个人的年薪是七位数的时候，其实就是说他一年拿到的工资是介于 100 万 ~ 1000 万之间，也就是数百万。

而电脑用的是二进制，0还是用0来代表，1还是用1来代表；但2则用10表示，也就是把1向前挪了一位；3则用11来表示，也就是把个位数里的0再变成1。而到了4以后，只用两位数就没有办法表示4了，所以要再加一位数，然后把最前面的位数变成1，后面的位数都变成0，也就是变成100，这就是二进制中的4，以此类推，8用1000表示。这种每到2就往前面进一位的计数法，可以用0和1把所有的整数都表示出来，就是所谓的二进制。

二进制没有十进制效率高，同样的数字要比十进制长三倍多，因为二进制只用了0和1这两个符号。但是对于机器来说，要想表示从0到9这十个数字，就必须造出十种不同的电子元件，或者找出电子元件的十种不同状态，这是很难实现的。

所以对计算机而言，用二进制可比用十进制要简单得多。要表示二进制中的两个数字：0和1，你只需要找出电子元件的两种不同状态。比如电路开关，关的时候是0，开的时候是1。如果一个电路上有一串开关，这些开关全部关闭了，那就是0；如果开了一个开关，就是1；

开了两个开关，就是 10，诸如此类，与二进制计算方法一致。

三极管刚好能够实现开关的功能，这就是量子力学在计算机方面的重要应用。当然二极管也在计算机中有着重要的应用。还有一个重要的应用，就是用激光在硅片上刻出肉眼几乎看不到的大规模集成电路。

在如今这个时代，量子力学几乎派上了全部用场。

在我的大学时代，还没有集成电路。当时的计算机有一个很长的带子，在带子上打孔，比如打一个孔和打两个孔，就分别代表着不同的符号。然后再把带子送到计算机里，计算机就可以读取这些符号。当然，现在已经有了 U 盘等存储功能相当强大的工具，就不需要这种方法了。

接下来讲一讲计算机的工作原理。

我们平常所说的计算机基本上都是通用计算机，它有很多功能。计算机分成两个重要的部分，一个是处理器，一个是存储器，分别像厨房里的操作台和柜子，操作台上有处理食材的刀和砧板，柜子用来存储食材。就像包饺子，从柜子里拿出肉、蔬菜、面粉，然后在操作台上和面、剁馅、擀饺子皮、包饺子。

存储器的主要功能是存储程序和各种数据，在计算机运行过程中高速且自动完成程序和数据的存储及读取。存储器具有记忆功能，它通常由两种物理器件制成：一种是用硅片制成的半导体存储器，还有一种是用磁性材料制成的磁表面存储器。

处理器就是我们非常熟悉的CPU，它就像前面说过的厨房里的操作台，上面有刀和砧板等工具，这些工具的作用就是执行指令。其实，处理器里也有专门存储指令的地方：一种是控制存储器，可供读取指令和分解指令；一种是通用寄存器，可以用来运算；还有一种是专用寄存器，也是用来存储指令和数据的。这些部件的作用就像是算盘的运算法则、运算指令、运算方法等。

比如，我们计算1加1，如果是用算盘计算，首先要拨上一个算盘珠，然后再拨上一个算盘珠，这样就计算出了1加1等于2。同样，在处理器里也是这么简单，执行1加1的指令时，就把通用寄存器里电路的状态改变为1加1之和的状态，然后再把这一结果存入存储器中。这样一来，就完成了一个简单的加法。

当然，处理器还可以处理更复杂的计算，比如乘法。乘法是加法的一种变形。1乘以2就相当于1加1，1乘以3就相当于1加1再加1，诸如此类。我们还可以把加法倒推运算，也就是减法；或者把乘法倒推运算，也就是除法。这就是四则混合运算。另外，还可以把四则混合运算变形为更加复杂的运算形式。

计算过程也可以用来执行一些指令，比如现在经常用计算机来播放视频、录音等。这些操作都可以被翻译成逻辑语言，然后运算和执行。

第一代计算机是指1946—1958年的计算机，有十几年的历史。

它是用电子管制造的。电子管也就是晶体管的前身，是用玻璃制成的一个封闭空间，把里面的空气抽空，放入用来放射电子的阴极器件，也可以实现放大信号和开关的功能。

电子管的体积比晶体管大得多，但是寿命却短得多。除了电子管，第一代计算机的存储器和处理器还使用了磁鼓和磁芯，外存储器还使用了磁带。第一台电子管计算机 ENIAC 诞生于 1946 年 2 月 14 日，它的体积相当庞大，占地面积足有 180 平方米，包含了 30 个操作台，重达几十吨，耗电量大约 150 千瓦，造价 48 万美元。这样的一个庞然大物，计算速度却比我们现在使用的手机慢很多。

ENIAC：第一台计算机

第二代计算机是指1958—1964年的计算机，由晶体管制成。虽然晶体管是在1947年发明的，但它没有立刻用于计算机的制造。

1964年之后，直到70年代初，出现了用集成电路制造的第三代计算机，当时的集成电路还仅仅是中小规模集成电路。储存器大部分由磁芯制成。

1970年至今，我们所使用的计算机已经是第四代了。第四代计算机由大规模集成电路制造而成。英特尔公司制造的芯片已经主导了全世界，如果没有这些芯片，也就不可能有如今使用的各种电子设备。

第 17 课

光在量子力学进程中的贡献

在人类发现量子力学的进程中，光的贡献可谓最大。1899—1900年，普朗克因为研究了在一定温度之下的光谱，才发现了所谓的能量子，也就是后来所说的量子。

量子的英文是quantum，这个词来源于拉丁语中的quantus，意思是“有多少”。

其实，第一个使用quantum这个词的物理学家并不是普朗克，而是德国物理学家兼生理学家亥姆霍兹（Hermann Ludwig Ferdinand von Helmholtz）。早在19世纪中叶，亥姆霍兹研究“热”的时候就使用了这个词。当时，人们对热的认识还没有如今这么深刻，以为热是一个独立的物理学概念。现在我们已经知道，热的现象其实是物质里分子和原子运动时产生的动能反应，它们运动得越剧烈，产生的热量也就越高。

后来，研究阴极射线的德国知名物理学家莱纳德（Philipp Eduard Anton von Lénárd）用quantum来指代电的最小单位，也就是电子。普朗克用quantum这个词指代物质，比如电、气体和热的最小单位，其中最著名的就是作为光的能量的最小单位。普朗克在他的论文中最初使用quantum这个词时指的就是这个意思。恰恰是他发现了光的能量有最小单位，光谱才不至于变得无

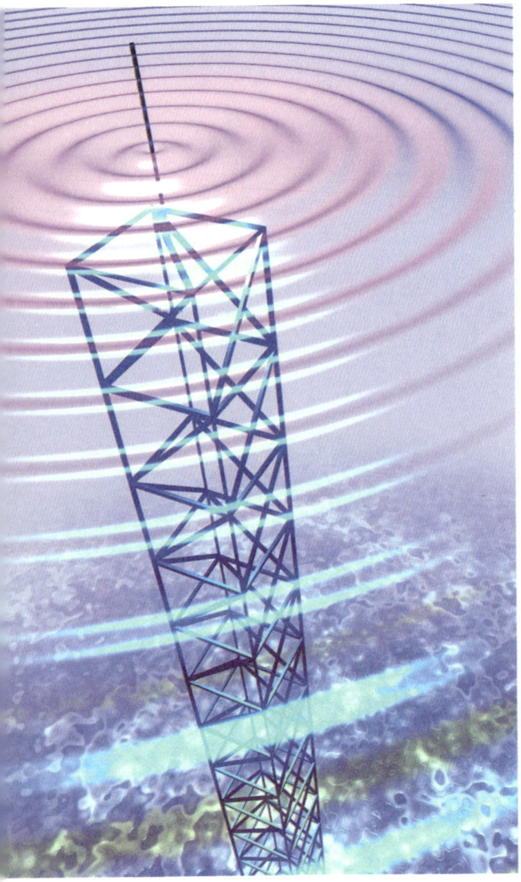

限大。

经常有人问我：什么是量子？量子就是物质作用时涉及的最小单位，可以是能量，也可以是动量，甚至是角动量等，而物质的最小单位往往就是基本粒子。

说到光的最小单位，当然是光子了。1905年，爱因斯坦在普朗克工作的基础上指出，光的能量子其实不是别的，就是光子。

在19世纪，麦克斯韦提出了他的电磁理论——著名的麦克斯韦方程，这个方程被一些物理学家认为是物理学中最美的方程，没有之一。麦克斯韦用这个方程预言了光就是电磁波。

到了1888年，赫兹发现了电磁波，同时计算出电磁波的速度，并且发现这个速度和光速一样大。他是根据实验结果进行计算的，首先测量出电磁波的频率和波长，然后用频率乘以波长，就得出了光速。赫兹在实验中通过电火花发出电磁波。他的实验很有意思，用两个金属球，给其中一个球不停地充电，使得这两个金属球之间形成了上万伏特的巨大电压差，当电压高到一定程度时，空气就被击穿了，发出电火花，辐射出电磁波。在他的实验室

电磁波

另一端，有一个非常类似的装置，也有两个金属球，当第一个装置辐射出电磁波时，这个装置上的两个金属球之间发出了微弱的光，这就说明，这两个金属球接收到了第一个装置发出的电磁波。

电磁波辐射的原理在麦克斯韦的理论中非常简单，就是把一个带电的东西加速，它不仅有速度，还有加速度，它的速度会越变越大或者越变越小，这样电磁波就会辐射出来。

在 20 世纪初，玻尔也是用量子力学克服了电磁波辐射引起的一个巨大的困难。分子和原子里都有电子，玻尔的原子模型就是中间有一个原子核，外面有很多电子。电子围绕原子核运动的状态，很像地球绕着太阳做圆周运动或椭圆运动，这种运动实际上是在不断加速的。它有一个向心加速度，也就是说，它走的不是一条直线。所以，尽管在圆周上的运动速度一样，但是它的速度、方向会改变。根据麦克斯韦的理论，这样的电子也会辐射电磁波。

于是，玻尔就遇到了一个巨大的困难：当电子在这样运动时，它不断地辐射电磁波，而电磁波会把电子的能量带走，因此电子就会不断地损失能量，它在运动时就会越来越靠近原子核，最后会落在原子核上。然后，原子就会塌陷成一个原子核，原子本身就不复存在了，而物质也无法保持稳定了。由于物质是由原子和分子组成的，当原子和分子都坍缩成原子核时，物质也会坍缩。

在以后的内容中，我们会谈到物质为什么是稳定的。玻尔指出：其实根据量子力学，当电子绕着原子核做圆周运动时，是不会很快辐射的，也就是稳定的。当然，这只是物质稳定性的原因之一。

总之，玻尔解决了一个问题：原子为什么是稳定的。当电子绕着原子核运动时，都遵循固定的轨道，最多会从一个能量比较高的轨道跳到一个能量比较低的轨道，并且辐射出光子。此时，物质就开始发光了，这就是物质发光的原理。其实，当电子从一个轨道跳到另一个轨道时，它也是在做加速运动，是加速运动中的一种。因此，玻尔的理论与麦克斯韦的理论没有太大差别，只不过前者认为电子的运动轨道是固定的，而非任意的轨道，即使是最靠近原子核的轨道也与原子核保持着一定的距离。否则，如果是任意的轨道，电子最后会落在原子核上。这就解释了氢原子（最简单的原子）能维持稳定的原因。如果是更加复杂的原子，比如氦原子，它有一个大的原子核，外面有两个电子，带两个正电荷，这两个电子依然要遵循固定的轨道进行运动。

根据泡利不相容原理，由于电子运动时带有自旋，因此，两个电子是可以在同一个轨道上运动的。

大家还记得吗？之前说过，泡利不相容原理认为两个电子不能处于同一个状态，那么如果电子在同一个轨道上运动，那不就是同一个状态了吗？但是我们别忘了，电子有自旋。所以，当两个电子在同一个轨道上转的时候，一个电子向上转动，一个电子向下转动。按照海森堡的理论也是同一个道理，海森堡认为电子轨道是不存在的，如果存在电子轨道，那么电子就跟我们普通经验中的基本粒子或实物一样了。电子应该是云雾状的，测不准且不确定，我们用无法测准的量子态来代替电子轨道。因此，两个电子可以在同一个态里，但是其中一个电子自旋向上，另一个电子自旋向下。原子的辐射、光的原理就是当电子从一个能量比较低的量子态跳到一个能量比较高的量子态时，由于电子在跳跃的过程中损失了能量，而损失的这个能量就被一个固定的光子带走了。

通常在讲宇宙学的时候，会谈到宇宙微波背景辐射，也就是电磁波和光，还会谈到波长和温度的关系：当温度越高的时候，波长也就越短，成反比关系。这种关系也适用于太阳光，太阳的表面温度是5770K，K是开尔文，与我们平时使用的摄氏度不一样，但它们的区间是一样大的，多了1K，就相当于高了1℃，但是开尔文的绝对零度相当于 -273℃。微波背景辐射的温度是2.7K，大约相当于 -270℃，对应波长就是1毫米多一点。而太阳的表面温度是微波背景辐射温度的2000多倍，那么太阳光的波长就比1毫米要小2000多倍，大约为0.57微米，这刚好就是黄光的波长。除了黄光以外，太阳也会发出其他的可见光——从红光一直到紫光的七色光。七色光涉及牛顿关于三棱镜的故事。

也被称为“黄矮星”的太阳

牛顿在年轻时，用一个三棱镜分解了太阳光。他发现如果把三棱镜的尖头朝上放，让太阳光照进去，就会从另一端射出七色光。由此可见，太阳光包含了所有的可见光。除了可见光，太阳光还包括红外光、紫外光，甚至波长更长的光以及波长更短的光，比如微波、射电、X 射线和 γ 射线等。

氢原子中的电子被激发起来后，多数被辐射的也是可见光，有红光、绿光、蓝光和紫光。这样一来，我们就知道为什么地球上的物质经常辐射可见光。而对于很多原子来说，当把最外层的一个电子激发起来时，就很像氢原子的原子核只带一个正电荷，因此这些原子的能级与氢原子也很接近。所以，大部分物质都会辐射可见光。

太阳是巨大的能源，其中多半是光的辐射。太阳光到达地球后，每平方米有 1000 多瓦。一个黄色光子的能量很小很小，每平方米每秒大约有两千亿亿个光子到达地球。

如何计算黄色光子的能量呢？根据普朗克的理论，一个黄色光子的能量等于普朗克常数乘以黄色光的频率，而黄色光的频率大约为 5.5 乘以 100 万亿赫兹，这样就能计算出一个黄色光子的能量。

对于远在银河系之外的恒星，需要用大型光学望远镜来观测。肉眼能够看到很多光，但大型光学望远镜只能接收一个一个光子，这也是量子力学的一项应用。我们可以用非常敏感的电子设备来仔细分辨大型光学望远镜如何接收光子。对于遥远的天体而言，最大的望远镜确实一次也接收不了很多光，只能一个一个地数光子，而且必须利用同样基于量子力学建造出来的电子器件一个一个地数光子。至于人眼呢，通常一睁眼就能看到上亿个甚至百万亿个光子。但是，据说科学家最近做了很多关于人眼接收光的灵敏度的实验，发现人眼实际上也是很敏感的，一次最多可以感受三个光子。

太阳是巨大的能源，屋顶上设有太阳能电池

第 18 课

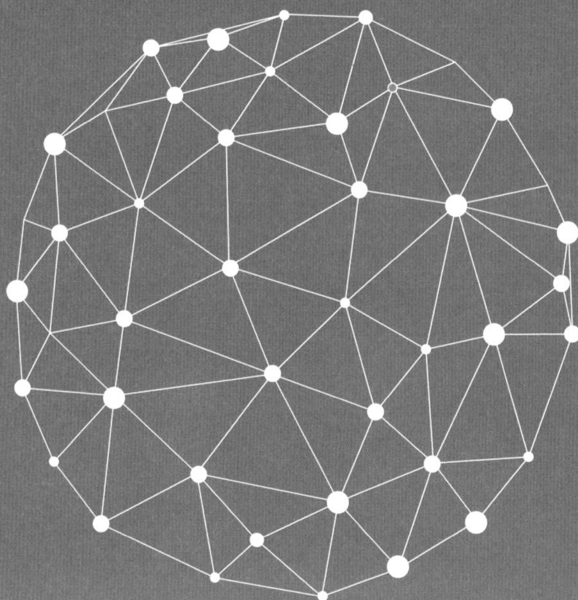

有了量子通信，

再也不担心个人信息泄露啦！

大家听说过墨子号卫星吗？它是2016年我国用长征二号丁运载火箭发射的一颗卫星。如果没有听说过，这里给大家介绍一下。

墨子号是一颗通信卫星，但是它跟中国历史上发射过的所有通信卫星完全不同。科学院在过去两年间发射过两颗先导卫星，第一颗是悟空号：主导的科学家团队来自紫金山天文台，悟空号的作用是探测太空中的暗物质。第二颗就是墨子号：主导的科学家团队来自中国科技大学，由潘建伟院士领导，负责墨子号卫星工程的是上海技术物理研究所，而上海技术物理研究所的前所长王建宇就是墨子号的总指挥，王建宇现在是中国科学院上海分院的副院长。

墨子号卫星工程的主要目的有两点，首先要把卫星发射上天，其次是要把科学仪器做好，携带到卫星上。科学仪器包括发射激光的仪器和接收激光的仪器。那么，为什么要发射激光和接收激光呢？这关系到墨子号实验的主要目标——通过地对空、空对地的方式来验证地面上量子信息的传输。

什么是量子信息传输？什么是传统的经典信息传输呢？

传统的经典信息传输很容易被理解。两个人面对面

墨子号发射景象

谈话，一个人说出一串字符（每句话都是由字符构成的，字符再变成声音），另一个人听到后，把这个声音在大脑中转换成文字，就能知道这句话是什么意思了。这个是最简单的经典信息传输方式，也就是对话的方式。

比对话稍微高级一点的信息传输就是有线通信或者无线电通信，也就是把我们说的每个音翻译成电讯号，然后把电讯号通过无线电或者有线的方式传给对方，对方把接收到的电讯号再转换成声音，这样就完成了一次通信。如今的通信设备有时都不需要转换，可以直接在手机里变成文字或者图像，这些就是经典通信。

100 多年前，经典通信是用电码来实现的，而现在则是用字符，也就是 0 和 1。我们可以用 0 和 1 来翻译所有的语言。比如，我要传送“量子通信”四个字，把“量”字翻译成一串字符，翻译结果并不是简单的 0 和 1，而是一连串的 0 和 1；“子”字也是一连串的 0 和 1，当然，组合方式与“量”字不同；“通”字也是一连串的 0 和 1，组合方式也跟前面两个字不同；“讯”字同样是一连串的 0 和 1，跟前面三个字的组合方式都不同。0 和 1 的不同组合方式都对应着不同

的文字，到达接收方后，又被翻译成文字，这样就完成了通信的过程。我们平时使用的手机、电脑等，都是这样完成通信的。

日常通信时使用的字符与文字之间的对应方式是公认的，但如果想进行秘密通信，让其他人无法解读通信内容时，就可以和接收方约定一个新的字符与文字的对应方式，每个文字换成另一种字符，这样一来，其他人用公认的方式就无法解读了，这就是密码。但密码并不保险，因为当发送方和接收方约定密码的时候，第三方是可以窃听的。

而量子通信就可以保证通信内容不被窃听，或者窃听结果无效。这就涉及不确定性原理。首先，不确定性造成了一个定理，叫作量子不可克隆定理。这就意味着我们没有办法拷贝量子态。如果你手里有一份白纸黑字的报纸，那么你就可以用黑白复印机把它完完全全地拷贝下来；当然，也有可能你想拷贝一张彩色照片，现在有彩色复印机了，可以把彩色照片原原本本地拷贝下来。报纸和照片上的图像和文字是确定的，拷贝一份报纸后，报纸上的每一个字以及它们的位置都是永远不变的。

但量子态有不确定性，它总是在变。一个字可能一会儿明一会儿暗，甚至可能变成另一个字，这样就没有办法拷贝。前面说过，可以把文字翻译成由 0 和 1 组成的一串字符，但量子的字符在每一个位置上 0 和 1 出现的概率都是不确定的。在一个位置上，0 出现的概率有可能是 50%，1 出现的概率是 50%；也有可能 0 出现的概率是 30%，1 出现的概率是 70%。这就说明，在这个位置上本来只有 0 或 1 这两种可能性，而现在却有了无限多的可能性，因此我们很难把它拷贝下来。这就是量子不可克隆定理的含义。

从直观角度来看，我们很容易理解量子不可克隆定理，它的不确定性带来了无限多的可能性，于是无法对其进行拷贝。而从数学角度来看，只需要用一行数字公式就可以严格并且简单地证明这个定理。

那么量子不可克隆定理怎样应用呢？

假设我要传送一串量子字符给另一个人，这串字符一共有十位。然而，第一位上的 0 和 1 不确定，第二位上的 0 和 1 同样不确定，一直到第十位上的 0 和 1 都不确定，那么，如果有第三方想要窃听，他应该怎么做？

按照传统做法，他需要先接收到字符，然后拷贝下来，再把字符

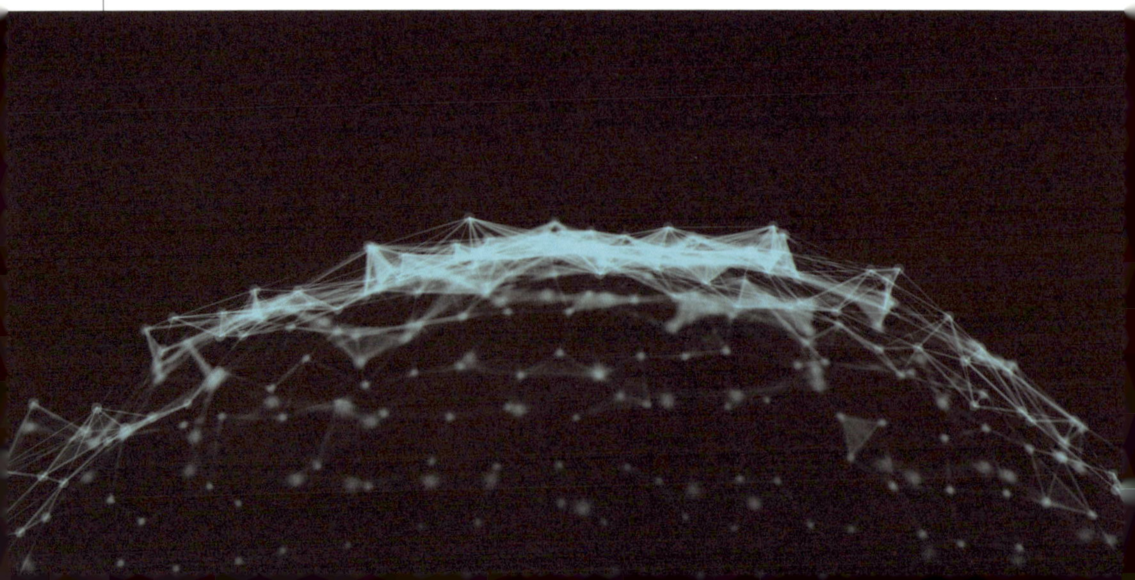

传送给原本的接收方。然而，量子不可克隆定理有两个含义，第一个是严格的无法拷贝，第二个是可以拷贝，但会破坏本来的信号。

如果要想让窃听有效，就必须保证通信双方还可以继续通信。换句话说，第三方接收到字符并拷贝后，留下拷贝件的同时，要继续把字符传送出去，让原本的接收方收到，这样才能迷惑对方。但是量子不可克隆定理告诉我们，这是做不到的。

第三方一旦拷贝了信息，就会破坏信息，再传送出去的信息就和原来的不一样了。比如，有个女人窃听自己老公和他情人的对话，老公给情人发信息说“明天我们在某某地方约会”，女人拷贝了这条信息，但是再传送出去的信息有可能就是“明天我们不约会”，因此，窃听无效。

还有一种可能就是信息根本无法拷贝。你只能把原来的信息原原本本地发出去，而且你还无法知道信息的含义。这就是量子不可克隆定理的重要应用。

与量子通信类似的是量子隐形态传输。假如我们想把一个量子态信息传送到月球上，应该怎么做呢？这里有一个“第三只鞋”的故事，能够很形象地跟大家解释量子隐形态传输的基本原理。

我们平时穿的鞋都是确定的。一只鞋，要么是左脚的，要么是右脚的。一双鞋，一只是左脚的，那另一只肯定是右脚的。

如果是一双量子鞋会发生什么情况呢？拿一只鞋来说，就无法知道它是左脚的还是右脚的，它可能是左脚的，也可能是右脚的；可能50%的概率是左脚的，50%的概率是右脚的；也有可能30%的概率是左脚的，70%的概率是右脚的。那么现在，我要把一只量子鞋送给月亮上的小伙伴，但是传送过程中，这只鞋有可能会变化。这个时候，我应该如何确保这只鞋在我手里时和到达小伙伴手里时的左右方向是一致的呢？这似乎是个难题。

但我想到了一个绝妙的办法——不传送这只鞋，而是另外准备一双量子鞋。虽然我无法确定每一只鞋是左还是右，但它们必定是一左一右，这就是“量子纠缠鞋”。

我把这双鞋分开，第一只留在自己手里，第二只送给月亮上的小伙伴，把原本想送的那只鞋当作第三只。第二只在传送的过程中，无论怎样变化，它总是跟我手里的第一只鞋是纠缠的，永远是一只左一只右。当小伙伴收到第二只鞋后，我就要做个实验了，我要看一看我手里的第一只鞋和第三只鞋是什么样子的，其中有三种结果：第一种结果，同时是右脚；第二种结果，同时是左脚；第三种结果，一只是左脚，一只是右脚。如果同时是右脚，小伙伴手里的一定是左脚，而且我要送的第三只鞋是右脚，那么我把这个消息告诉小伙伴后，小伙伴只要把他的鞋翻转一下就变成右脚了。如果我手里的鞋都是左脚，小伙伴手里的一定是右脚，而且我要送的第三只鞋是左脚，那么小伙伴只要把他的鞋翻转一下就变成左脚了。如果我手里的鞋是一左一右，那么小伙伴就不用动他的鞋了，因为他的鞋和第一只鞋是纠缠的，而第一只鞋又和第三只鞋是纠缠的，都是一左一右。所以，他手里的鞋一定跟第三只鞋是一样的。这就是“第三只鞋”的故事，也就是量子隐形态传输的基本原理。

现在，假定我传送的不是一只量子鞋，而是一串量子鞋，这一串量子鞋就变成一个量子信息，我也想把它们传送给月亮上的小伙伴，那么我应该怎样做？

其实，和前面的方法一模一样，既然我可以把一只鞋拷贝到月亮上去，那么我也可以把一串鞋拷贝到月亮上去。就像《星际迷航》里一样，库克船长和他的小伙伴们站在灯光下一照，突然就在另一个地方出现了。其实，库克船长和他的小伙伴们并没有真的被传送过去，而是仍然留在原地，他们事先准备了另外两堆东西，这两堆东西是量子纠缠的，把其中一堆传送到目的地，然后再把留下的那一堆与库克船长和他的小伙伴们进行对比。这也是量子隐形态传输的原理。

《星际迷航》剧照

第19课

从量子力学角度看意识与物质世界的关系

天为什么是蓝的?

石头为什么坚硬?

铁烧热了为什么是红的，随着温度的增加为什么从红色变成白色……

这些问题的背后，是量子力学的规律。

从冷冰冰的无机世界到生动的动物世界，现象变得越来越复杂——原则上没有任何现象不能被科学所解释。当然,也有一些未解释的现象,会启发人类发展新的科学。有些人在理性中寻找答案，有些人从宗教中寻找答案。也有一些模糊地带，暂时不能说是科学可以站立的领域，于是各种宗教甚至超自然的说法就会变得有一些影响力。但是，已经被科学解释的现象，就不能够拿来支持宗教和其他的非科学学说。

有人问量子世界观是否与佛教世界观相似，以及量子力学是否支持人类灵魂的存在。我先抛出结论，量子力学是量子力学，佛学是佛学，也许我们可以从哲学的角度探讨两者之间的相似性，但两者确实是独立无关的。并且，量子力学并不支持灵魂存在，更不支持不朽灵魂的说法。

我们仔细讨论一下意识与物质世界的关系。

前两年有一篇文章特别流行，它的一个中心论点是物质世界与意识不可分开。也就是说，没有意识就没有物质世界。如果他是对的，倒是一劳永逸地解决了宇宙学家的一个终极问题：我们这个宇宙中为什么存在意识？因为在他看来，意识必须存在，否则就没有物质世界。

事情有这么简单吗？当然没有这么简单。现在先来看看测量到底是什么。离开人，是否还有测量？如果测量并不是人类独有的，那么“没有意识就没有客观世界”这个结论就不能成立。

在物理学中，当谈论一个客体时（比如一个电子、一只猫），就要为这个客体赋予一些量。为了具体一些，我们以电子为例好了。

电子有三个最重要的量，并以之区别于其他基本粒子，第一个就是质量。不论意识去不去测量，电子的质量是固定的，大约是 10 ~ 27 克，用我习惯给孩子科普的语言来说，电子的质量大约是一千亿亿亿分之一克。电子的质量比氢原子小了大约 2000 倍。也就是说，一克多的氢里含有大约一亿亿亿个氢原子。不论我们看不看这坨氢，它里面肯定含有这么多氢原子。同理，如果我有一克电子，不论我们测量不测量、数不数数目，里面确实含有一千亿亿亿个电子。

电子第二个重要的量是电荷。电子带负电荷，其大小为 1.6 乘以 10^{-19} 库伦。怎么去测量电子的电荷呢？很简单，让一个运动的电子穿过磁场，看电子路径的弯曲程度就能测量它的电荷了。同样，不论我们去不去测量这个电荷，这个电荷永远不变。

电子的第三个重要性质是自旋，它就像一个小陀螺。电子的自旋和其质量以及电荷一样，总是不变的，无论我们去不去测量，它总在那里。当然，我们还会说电子有轻子数，用以区别与其他粒子如核子的不同。同理，轻子数也不变。

电子是粒子，所以电子可以有位置和速度。现在到了量子力学发挥它作用的时候了。当我们不去测量电子的位置和速度时，当然不知道它的位置和速度。可是量子力学告诉我们，在测量电子的位置之前，

位置是不确定的。也就是说，电子是这么一个古怪的粒子，它可以同时处于不同的位置。量子力学这一特点与经典力学的不同之处就在于，经典力学中的一个粒子不可以同时处于不同的位置。

电子可以同时处于不同的位置不等于电子不存在。或者说，当我们不去测量它的位置时，不等于说电子就不存在。只能说，电子的物理状态很奇特,它可以处于不同位置状态的叠加之中。既然电子的质量、电荷以及自旋与测量无关,我们就没有理由说没有意识电子就不存在。只能说，不测量一个电子的位置时，我们不知道它的位置，或者电子可以处于不同位置的叠加态中。我给你一克电子，我清楚地知道这一克电子里有一千亿亿亿个电子，这是永远不变的。一千亿亿亿个电子不会凭空消失，甚至连一个电子也不会凭空消失。

接下来说测量和意识之间到底有什么关系，为什么测量会让电子的位置显示出来?

如果我们不去测量一个电子，也知道它是存在的，就像我们不去抬头看太阳，太阳就在那里。前段时间，我去赏樱花，我就和几位客人讨论樱花。我说："我们观赏樱花，樱花当然就被看到了。我们不观赏樱花，樱花还在那里，与你看不看无关。"

这是为什么呢?

看樱花，就是一种测量。在现代物理学里，测量是两个系统的纠缠。比如，我去称体重，我的身体就和体重秤纠缠起来了。体重秤的指针指在 70 公斤，这是指针的状态，而我的体重是我身体的状态。我的体重和指针的方向纠缠在一起了，这就形成了一个测量。

再比如，我们将一个电子打到荧屏上，荧屏的一个地方亮了，我们就得知电子的位置在那个地方。这就说明电子的位置与荧屏发光的位置纠缠在一起了。即使没有人去看，这个纠缠也是存在的。有人去看，只不过是有人确定地看到了这个纠缠而已。现在的情况则是三个系统纠缠在一起了：电子的位置、荧屏发光的位置以及人眼接收到了荧屏发光位置发出的光子。我们看到，这三个系统不过是纠缠在一起，并没有谁先谁后的问题，也没有哪个系统更重要的问题。由此还可以类似地推论下去：人眼接收到光子，在视网膜上产生电信号，通过神经网络进入人的大脑……这个链条可以变得很长，最后，才是人的意识。

现在问题来了，当我们谈论意识时，究竟在谈论什么？

在人类揭开意识之谜之前，只能模糊地谈论意识。比如说，一只猴子有意识吗？如果有，那么猴子也可以意识到电子的存在，只不过它不知道电子是个什么概念。如果猴子没有意识，那么，在智人出现之前，电子难道就不存在？我估计即使一个学佛的人，也不会接受这个观点：在智人出现之前，电子不存在，地球不存在，太阳不存在……

接下来谈谈为什么测量电子的位置时，电子的位置就是固定的。

不管我们去不去看，樱花到了盛开的季节便会开放

其实，这和使用什么仪器有关。我们用荧光屏，电子打到荧光屏上和上面的荧光物质发生相互作用，使得荧光屏的一个原子被激发从而发光。电子能同时让两个地方发光吗？当然不能。这是因为电子是个基本粒子，它与原子发生作用时只能是局域的。只是量子力学告诉我们，电子不是经典世界中的电子，它的位置可以出现在这里，也可以出现在那里。而一旦出现，它只能在一个地方出现。

量子力学的世界是个神奇的世界。但是这个世界再怎么神奇，也不会神奇到没有意识就变得不存在。它只是告诉我们，一个粒子可以处于不同位置的叠加态中，甚至任何物体可以处于不同位置的叠加态中。另外，电子同时具备确定位置和确定速度的状态不存在，这种不存在的状态也不等于电子的不存在，更不等于没有意识就没有电子。否则我们会问一个悖论性的问题：在人类出现之前，宇宙存在吗？

量子力学还有一个特点，就是当一个系统很大时，这个系统表现得像古典物理中的系统。例如，当我们谈论薛定谔的猫时，尽管原则上猫可以同时处于生和死的状态，但由于猫太大了，猫通过呼吸和空气发生作用，或者猫的身体和外界接触，猫就肯定会处于生的状态，或肯定会处于死的状态，几乎不会同时处于生和死的叠加状态。在量子力学中，与这个现象相关的术语叫退相干：一个系统如果和一个特别大的系统接触后，这个系统会很快地选择一个我们熟悉的古典状态，而不再同时处于两个量子态的叠加之中。“薛定谔的猫”要么生，要么死。同样，当我们测量电子的位置时，由于荧屏是个很大的系统，电子会很快处于一个固定位置的状态。即使不去测量，电子遇到荧屏也会有固定的位置。

以上的道理也解释了樱花本来就开在那里，因为有空气，有阳光，有土地，与我们看不看无关。

说句题外话，退相干现象也是现在量子计算机实现的障碍之一。量子计算机的一个重要机理是计算单元每个时刻处于量子叠加态中，当时间演进时，计算单元会同时进行“计算”。但如果处理不好，这些计算单元与外界接触，很快就会处于特定状态，就不能同时运算了。我们知道，不论人类去不去看一个量子计算机，它是确定存在的，只不过我们仅仅知道它处于量子叠加态中，它在做并行计算而已。

没有人类的测量，量子态也会退相干，也就是会塌缩。

在没有人类之前，世界是不存在的吗？

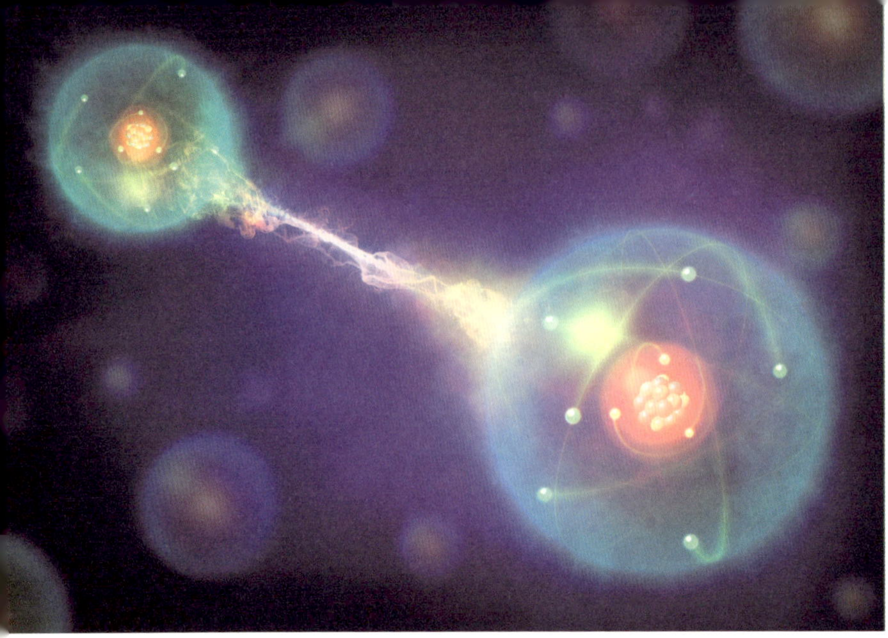

而意识只是众多“测量”的可能性之一。比如，用荧光屏测量电子的位置，其实不管有没有人，荧光屏已经和电子产生了作用，使得电子的“波函数坍缩”了。那人类起了什么作用？荧光屏被电子打到的那个地方发出了光，入射到眼睛里，然后视觉神经再将这个射到眼里的光转化成信号送到大脑中，我们的“意识”才启动，于是就看到了电子的位置。

意识是如何产生的？

传统认知科学、心理学认为意识无非是我们大脑中神经元集体作用的结果。并且，神经元之间通过放电互动，看上去应该和量子力学没有任何关系。也许，随着大脑科学以及物理学之间有机互动的发展，人们会发现大脑中存在量子过程，并且这些量子过程在意识发生的过程中起到非常重要的作用。也许，关于人类是否有自由意志的争论会随着大脑中量子过程的发现有一个最终结论。

人类在未来也许会实现量子计算机的应用，也许会实现宏观物体的量子传输，甚至会将人类的意识保存起来，但这和“灵魂”没有任何关系。

当科学技术越来越发达时，当人们越来越依赖科技带来的各种便利时，科学的话语权也因此变得越来越重要。这就使得一些人将科学看成一种万能的工具。另一方面，人们生活节奏的加快以及随之而来的压力，驱使一部分人到宗教那里寻找精神依靠。科学话语权霸主的地位，让某些宗教人士以及偏好宗教的人到科学这里寻找“依据”。

费曼在一篇文章里说，科学与宗教的区别是，前者的核心是不确定性，后者的核心是确定性。解释一个现象的科学学说是临时的，需要越来越多的论证，所以是统计性质的。在物理学中，我们往往说某个现象的证据是几个标准误差，换句话说，只是十分可能的，而不是百分之百确定的。理论和模型也是如此，当科学家需要的时候，牛顿力学被修正为相对论力学。总之，量子力学是不能拿来支持某些说法的，例如世界是虚幻的、灵魂是存在的。

让科学的归科学，宗教的归宗教，才是宗教和科学相处的最好方式。

模拟量子计算机

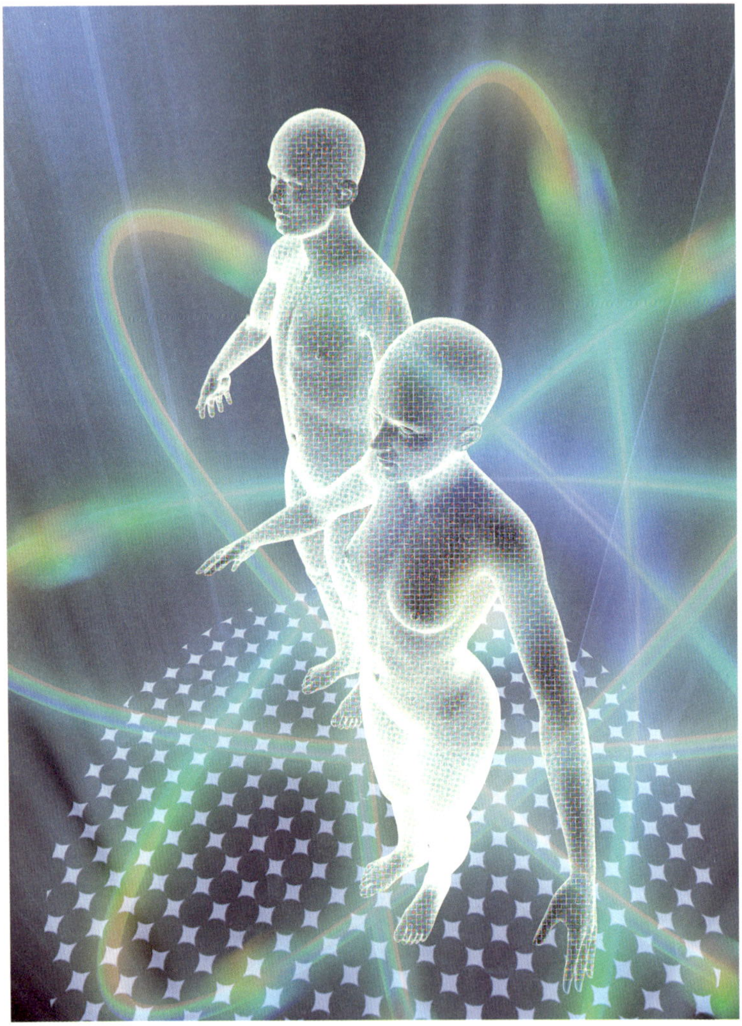

量子世界中的我们

第20课

为什么物质具有稳定性？

在日常生活中，人们会接触到很多物体，包括固体、液体、气体。固体通常都是稳定的。比如我们坐在椅子上面，手中拿着手机，打开电脑看着屏幕，这些东西在很长一段时间内都不会突然变形走样或者爆炸。平常使用的不锈钢汤匙和刀叉，拿在手里也能感觉很结实、很坚硬、很耐用。还有比不锈钢更加坚硬的材料，比如钻石、红宝石和蓝宝石。石头也是固体，也很坚硬，无论是大石头还是小石头，它们不会突然变软，不会突然变小，也不会突然变大，更不会突然爆炸，不会向内塌陷。

固体不会在一般的压力之下变形。如果施加一个足够强大的压力，它才会变形，这本身就是一个固体的定义。可这是为什么？如果我们不去深想这个问题，似乎这些性质看起来是理所当然的。固体本来就应该很结实、很坚硬，不需要任何理由。但其实，这个问题很不简单。接下来，我们看看液体。

我们日常生活中最需要的东西就是水。一个人可以几天不吃饭，但不能几天不喝水。没有水，人就活不下去。水也不会突然变形。一杯水不可能突然缩小到一滴水，也不会突然膨胀到几杯水，更不可能爆炸。这种性质和固体是一样的。当然，水和固体不一样的地方是它会流动，而且它有一个天然的界面。

还有比水更柔软的东西，就是空气。我们可以看到天空中有云彩以及蓝色的东西，这种蓝色的东西实际上就是空气。因为太阳光照到空气上面，被空气散射了，而被散射最多的就是蓝色的光，所以天看起来是蓝色的。在物理学中，空气就是一种气体。气体同样不会突然变大，也不会突然变小。除非给它施加压力，它才会变小，或者给它加温，它就会变大。

无论是固体、液体，还是气体，都具有这种不会突然变形的性质，这种性质就叫作稳定性。

如果把一个水杯放在桌子上，为什么水杯不会穿过桌子掉下去？这个问题看似很奇怪，但其实是成立的。因为水杯和桌子都是由原子构成的，桌子里的原子和原子之间存在着很大的空隙，水杯的原子和原子之间也存在着很大的空隙，而原子本身也几乎全是空间。刚才提出的那个问题如果换一种说法就是：为什么组成水杯的原子不会从组成桌子的原子之间的空隙中掉下去呢？这是一般人平时完全不会思考

的问题。

尽管世界上很多物体表面上看起来都结结实实的，中间没有任何空隙，比如用手去拿一块木头或者一把钥匙，就会感到自己实实在在地拿了一个东西，不会感到任何空隙，但是如果拿物理学仪器观察这些物体，就会发现其实它们中的绝大部分区域都是空的，它们的原子就像悬空一样地排列在那里。但奇怪的是，这些物体依然能够保持稳定，不会突然变大变小，不会突然爆炸或是塌陷。

这到底是为什么?

只有量子力学能够解释这个问题。

我们想象有两队士兵，让他们平行地排成两排，在每一排中，相邻的两个士兵之间都相距10米，然后让这两排士兵面对面互相走过去。既然士兵之间的间距足有10米那么远，一般来说，他们不太可能相撞，而是相互对穿而过。

我们可以用相同的原理来思考之前提出的问题，把原子比作士兵，一个水杯就如同由很多很多排士兵构成，一个桌子也一样。现在，我们假设把一个原子核放大一千万亿倍，这个原子核直径就会有一米。前面提到过原子的结构，也就是电子绕着原子核转，有点类似地球绕着太阳转，这就是玻尔的原子模型。现在把电子所在的轨道直径看成是原子的直径，如果原子核被放大一千万亿倍，达到一米的尺度，那么原子的直径就会达到100千米，大致相当于从北京到天津的距离。换句话说，如果把原子核放大成一个儿童的大小，两个原子核之间的距离就变成了从北京到天津那么远。

回到士兵的比喻，如果这两排士兵中，每排相邻的两个士兵之间都隔了 100 千米，现在，让这两排士兵互相朝对方走过去，你想想，他们会相撞吗？肯定不会，他们很容易就能够对穿而过。那么，虽然原子核之间隔了那么远，但是如果让每个原子核或电子都运动起来，就相当于让每排士兵都互相来回跑动，这样一来，这两排士兵是不是就会相撞了呢？确实，他们相撞的可能性会变大一点点，但概率依然很小，因为毕竟相邻的两个士兵之间隔了 100 千米之远。

在如此大的间隔之下，为什么水杯放在桌子上不会掉下去？为什么水杯的原子不会与桌子的原子对穿而过？也就是说，物质为什么有稳定性？

第一个对回答这个问题做出贡献的人是玻尔。前面说过，玻尔是对量子力学做出最大贡献的人之一，但是他的原子模型并不能直接回答我们的问题，尽管依据他的原子模型来看，就相当于每排士兵都互相来回跑动，但是这些士兵依然会对穿而[illegible]。

第二个对回答这个问题做出贡献的[illegible]海森堡。他提出了不确定性原理。据说海森堡提出自己的理论以后，不眠不休地算了整整一天一夜，才敢确信这个理论是自洽的。当他算完的时候，天已经快亮了，所以他索性不睡觉，跑到海边去看日出。在海边，原本应该是非常疲惫的他，却突然得到了巨大的力量，轻而易举地爬上了一块以前怎么也爬不上的大石头。在这块大石头上，他看到了一生中最美的海上日出。

这是书上的说法。但我想真实的故事应该是这样的：海森堡在光秃秃的小岛上觉得无聊，到处散步，然后黄昏时在海边看到了海面上的云彩。他突然来了灵感，觉得电子要是没有确定的位置，而是像云彩一样弥散在各处，就能保证两个原子可以撞到一起。但我们知道，云彩是软绵绵的。两朵云相撞的时候会融为一体，而不是像水杯和桌子那样泾渭分明。换句话说，虽然海森堡的理论让相距甚远的原子可以撞到一起，但无法保证它们相撞后能互相弹开，所以海森堡的不确定性原理或者说云雾状的电子也没有彻底回答这个问题。

第三个对这个问题做出贡献的人是泡利。按照泡利不相容原理，尽管电子是云雾状的，但是两个电子不能待在同一朵云雾里。

泡利很喜欢跳舞。有一个故事说，他为了参加一个很大的舞会，而拒绝出席某一次的索尔维会议。索尔维会议是历史上最有名的物理学会议，每次都会邀请几十个世界上最著名的物理学家。能参加这个会议，对物理学家而言是一件很值得骄傲的事情。但泡利放着这个最著名的物理学会议不参加，反而去参加了一个舞会。

泡利在舞会上发现了[illegible]个现象：男生和女生跳舞，通常都是一对一对跳的；如果一个女生[illegible]一个男生跳舞，她会很讨厌另外一个女生也加进来跟这个男生跳舞。

可能你会说，这算哪门子发现啊？这不是谁都知道的事吗？但恰恰是受这个平淡无奇的现象启发，泡利发现了著名的泡利不相容原理。这个原理其实很简单，就是说在一个氢原子核周围只能有一个电子，另外一个电子根本进不去。正如一个男生只能和一个女生跳舞，不能同时跟两个女生跳一样。一个氢原子核附近也只能有一个电子，不能允许第二个电子的存在。你看，泡利不相容原理一引进来，原来软绵绵的云彩立刻就变得很坚硬了吧。换句话说，原子是由一对一对舞伴组成的，它们不喜欢其他的舞伴随便靠近。正是由于这个原因，两个原子势必要保持一定的距离，而不会碰撞在一起。这就解释了我们前面说过的中间有很多空隙的物体不会突然缩小，以及水杯放在桌子上不会突然掉下去的问题。

后来，费米把泡利不相容原理进一步推广到一般的情况。费米认为，在原子的世界里，所有女生其实都是一模一样的。换句话说，所有的电子都长得一模一样。两个一模一样的女生可以在两朵不同的云彩里和两个男生跳舞，但是不允许这两个女生在同一朵云彩里和一个男生跳舞。所有像电子一样的粒子，只要它的自旋和电子一样，都满足泡利不相容原理。这样一来，泡利和费米就将物质稳定性的回答推进了一步，因为按照他们的理论，电子之间互相排斥，所以就不太容易对穿而过。

男女对舞

这个问题似乎得到了解决，然而到了20世纪60年代，英国物理学家戴森提出了另一个问题：我们能不能想象一下，如果把所有的原子核放在一起，再把所有的电子放在一起，让两坨东西互相绕着转，以这样的排列方式，它的能量就比普通物质排列的能量低，那么普通物质也是不稳定的。

戴森是一个很有名的英国物理学家，同时又长期居住在美国。他发现美国人很乐观，而英国人相对来说比较保守，容易悲观；美国人总是在对抗中取得胜利，而英国人容易承认自己失败。戴森觉得，这两种性格都太极端了，各有弊端，最好把两者结合在一起，就像中国人一样奉行中庸之道。

受此启发，戴森用泡利不相容原理证明了原子核一定会和电子配成一对一对，即不可能出现很多原子核凑成一堆，很多电子凑成一堆，然后一堆电子绕着一堆原子核旋转这样的情况。因此，在普通物质里，能量最低的状态一定是原子核和电子形成原子。这也符合我们日常生活经验，就像在舞会上看到跳舞的人是成双成对的，而不是说男人都站在一起，女人都站在一起，然后相互绕着跳舞，当然这种情况会有，但是不多。所以，戴森用一个非常巧妙的办法解决了这个问题——物质里面的原子核必须跟电子形成原子，然后再根据泡利不相容原理，解释了物质具有稳定性这个问题。

此外，戴森还回答了物质为什么不会爆炸这个问题。

物质爆炸就相当于原子和原子之间会排斥，会彼此推开。可是原子最外层的电子之间有一种相互作用的特点，这种特点，我们称之为化学键。化学键往往是相互吸引的，这就解释了为什么物质不会突然爆炸。当然，也有一些特殊的物质，比如炸药，点燃后会爆炸，还有根据核能的原理制造而成的原子弹会爆炸，这些都是特殊的情况。

在地球上，我们看到的大部分固体、液体和气体，它们相对来说都是稳定的。虽然它们之间还是有区别的，固体非常坚硬，液体和气体相对柔软，但是即便柔软，它们之间依然不会对穿而过，只会融合在一起。因为对穿而过就相当于两杯水放在一起变成了一杯水的体积，但很明显，两杯水放在一起，体积不会改变，不可能变成一杯水，这也说明了液体从某种意义上来说是稳定的。气体同样如此，尽管气体更加容易流动，但是在一定的温度和压力之下，两团气体放在一起，它们的体积会保持不变，不会混在一起变成一团气体的大小。因此，用量子力学的根本原理，就可以解释物质稳定性的特点。

让我们来总结一下。在舞会上，一群男生和一群女生会自动结成一对一对的舞伴。每对舞伴中的女生都不希望别的女生来抢自己的男伴，从而产生了一种向外的排斥力。这就是为什么物体不会突然向内塌陷。与此同时，每对舞伴中的女生其实还想跟其他男生跳舞，而每对舞伴中的男生也想跟其他女生跳舞，这又会产生一种向内的吸引力。这就是为什么物体不会突然向外爆炸。既不会塌陷，也不会爆炸，所以日常生活中的物体能一直稳定地存在。

最后给大家一个彩蛋，说说著名的戴森球。这是由刚才说到的物理学家戴森最早提出来的。什么是戴森球呢？其实就是一个巨大的太阳能发电站，大到足以把整个太阳都包起来。这样太阳发出的所有能量，都可以被转化成电能。当然，这东西太先进了，我们人类在未来很长一段时间内都无法造出来。假如有外星智慧生命，他们的文明就有可能发达到足以造出戴森球，一旦他们造出了这个东西，被戴森球包住的那颗恒星的亮度就会显著降低。这样，我们就可以通过观测恒星亮度的变化，来寻找这些外星文明了。

科幻世界的外星飞碟

第21课

你知道量子力学是材料科学的后盾吗？

这一课谈一谈材料科学。其实在材料科学的背后，也是量子力学在做支撑。我们分成五个话题来讲。第一个话题关于晶体，第二个话题关于钢筋混凝土，第三个话题关于玻璃和水晶的区别，第四个话题关于碳、石墨和钻石，第五个话题关于时间晶体。

首先来谈晶体。什么是晶体？其实，我们所熟悉的盐就是一种晶体。盐粒通常是呈四方形的，如果把一颗盐粒打碎，它就会变成一些更小的盐粒，而这些更小的盐粒也是四方形的。如果你有本事继续打碎它，那么它就会变成更小的四方形。如果这样一直打碎下去，那么到最后，盐粒可能碎到只能用显微镜来观察，你就会发现，每一颗碎盐粒依然是四方形的。

如果用显微镜把盐放大看它里面的结构，就会看到整齐排列的原子。盐其实是一种化合物，它的每一个分子含有一个钠原子和一个氯原子。盐就是氯化钠，盐里的氯原子和钠原子是整整齐齐地排列的。也就是说，每相隔一个固定的距离有一个钠原子。氯原子也是如此。正是因为盐里面的原子总是排列得整整齐齐、四四方方的，所以，无论盐粒被打碎成多小的晶体，它的形状总是四四方方的。我们把这种原子在空间上整齐排列的固

体叫作晶体，盐就是一种特殊的晶体。

当然，还有一些更加复杂的晶体，它们的原子排列不是那么四四方方的，有可能是三角形的，或者其他形状。总之，用物理学术语来说，它们的排列都有一种对称性，而对称是一种美。

我们平时还会接触到很多金属。其实，所有金属也都是晶体，比如铁和钢等。钢是一种非常有趣的晶体。人类早期并没有发现钢，那时只有铁，人们就用铁制成铁器。但是铁有两个最大的弱点，这两个弱点使得它的使用效果远远不如钢。第一个弱点就是铁没有钢那么结实、那么坚硬，第二个弱点就是铁容易生锈。

钢也是一种晶体，只不过钢是一种合金，跟铁不一样。铁是纯粹地含有铁原子，而钢除了含有铁原子之外，还含有一些碳原子，这些碳原子和铁原子混杂起来，同样整齐地排列，使得新的晶体比原来的铁更坚固。但是，钢里不能掺杂太少或太多的碳。一般来讲，最结实的钢里需要掺入 1% 的碳。如果碳含量小于 1%，那么钢就不够结实；如果碳含量大于 1%，比如掺入 4% 的碳，那么钢虽然很坚固，但是也会因此变得很脆。

在春秋战国时代，人们在炼铁时炼出了钢。因为炼铁需要烧炭，而木炭里的碳原子由于非常偶然的原因掺进了铁水中，使得铁水变成了钢水，这就是炼钢技术的由来。

炼钢是一门非常高深的学问。直到 20 世纪，随着化学和量子力学的发展，人们才有了系统的炼钢方法。英国的一位工程师发现，如果把铁水熔化，把空气灌入熔铁里去，就很容易炼出钢来。因为空气中的氧与铁中的一部分碳发生反应，产生了二氧化碳，这样就把铁水里的一些多余的碳带走了，剩下的大约是 1% 的碳。这样一来，液体凝固后就变成了真正的钢。有了这个发现以后，炼钢技术就开始普及了。

除了铁和钢以外，还有一种人们非常熟悉的材料——不锈钢。不锈钢比钢发现得还晚。钢尽管很坚硬，但还是会生锈，使用一段时间后，钢里的铁就会和空气中的氧发生氧化反应，变成氧化铁。氧化铁是黄红色的，也就是铁锈。不锈钢是一种比钢更加复杂的合金。在钢里加入一些铬就可以制成不锈钢。铬也会被氧化，形成氧化铬。铬比铁更容易被氧化。因此，铬就会抢先和氧结合成氧化铬，而氧化铬是透明的，这样一来，就会形成一层透明薄膜，把钢包住。所以我们看到的不锈钢总是锃亮的。

如果把这层薄膜磨掉，里面的铬就会继续和氧发生反应，再次形成薄膜，把钢保护起来。这就是不锈钢总是“不锈”的原因。其实，它是生锈的，只不过这种“锈”不是氧化铁，而是氧化铬，氧化铬是透明的，所以使得这种钢看起来好像“不会生锈”。

下面，我们来谈第二个话题——钢筋混凝土。现在城市里充满了钢筋混凝土的建筑，那么水泥是怎么来的？

水泥在自然界中其实是存在的。在古时候，它存在于意大利的火山灰里。人们把火山灰拿来，然后掺入适量的水，建造成非常古老的意大利建筑，这些建筑历经上千年甚至两千年，至今依然坚固。

到了现代，人们才认识并发现了水泥的科学原理。水泥是由硅酸钙纤维组成的，加入适量的水后，硅酸钙纤维就会把水包住、锁住，然后慢慢凝固，变成固态的水泥。而凝固后的水泥其实是永远不会干的，因为被硅酸钙纤维锁住的水永远不会蒸发，永远被锁住。而随着时间的推移，硅酸钙纤维会把水锁得更结实，所以，水泥会越用越结实。

那么钢筋混凝土为什么要加钢筋呢？

虽然固态的水泥很结实，但是用水泥制成的很宽的水泥板很容易断裂，于是人们想到在混凝土中加入钢筋，钢筋很坚韧。当温度变化时，钢筋膨胀和缩小的程度和水泥是一样的，因此在水泥中加入钢筋比加入其他金属更加牢固。

接下来谈谈第三个话题——玻璃和水晶的区别。

玻璃其实是二氧化硅分子形成的一种固态，当二氧化硅分子杂乱地排列时，就变成了玻璃。如今，玻璃很常见，但是在古代，玻璃并不常见，所以很名贵。最主要的原因就是把天然的石头里的二氧化硅变成玻璃比较困难，因为一旦稍微掺入一点杂质，它就会变得不透明。

玻璃为什么是透明的？这也有量子力学的原因。二氧化硅中的电子会吸收光，但是，它通常不会吸收可见光。如果它要把电子激发起来，

需要具有比可见光更高能量的光子。而可见光不足以被它的电子吸收，这样一来，可见光就很容易通过玻璃，所以，玻璃看起来就是透明的。

虽然玻璃已经不再名贵，但水晶还是比较名贵的。水晶其实是玻璃的另一种状态。玻璃中的二氧化硅分子排列得比较杂乱无章，但是，当这些分子排列成有对称性的六角柱状时，就变成了水晶。水晶有很多不同颜色的品种。在二氧化硅中掺入不同的金属，形成的化合物的复杂分子会吸收不同的光，同时反射不同的光，使得水晶呈现出不同的颜色。比如，紫水晶是在二氧化硅中掺入了一些铁和锰，黄水晶是在二氧化硅中掺入了铁，粉水晶是在二氧化硅中掺入了钛和锰，等等。

第四个话题，我们来谈一谈碳。在我小的时候还没有煤气，那时都用煤炭。煤炭含有碳。现在用的铅笔的笔芯也是一种碳，这种碳又叫石墨。石墨是一种非常脆弱的东西，而且用它在纸上摩擦时很容易留下印记。如果用放大镜看石墨，会发现里面的碳是一层一层累加起

美丽的水晶晶体

来的，每一层都非常对称，呈现出二维六角形的排列顺序。十几年前，出现了一种非常新颖的材料，叫石墨烯。简单来说，石墨烯就是一层石墨，把石墨一层一层剥下来，最后剩下一层只有一个原子厚的石墨，就是石墨烯。

虽然碳很常见，但是钻石并不常见，而钻石中含有的元素就是简单的碳元素。钻石中的碳不是一层一层排列的，而是呈四面体形状排列。四面体的每个面都是三角形，有四个顶点，每个顶点上有一个碳原子，中间还有一个碳原子，把这样的四面体一层一层累加起来，就形成了钻石。钻石是地球上的天然固态里最坚硬的物体，恰恰是因为碳原子呈四面体排列能够形成非常坚固的力量。

那么钻石为什么会呈现出五彩缤纷的颜色呢？牛顿发现了色散。如果用玻璃制成一个三棱镜，把不同颜色的光射进去，会发现每种颜色光的折射力不同，这种现象叫作色散。而钻石的色散能力比玻璃更强，因此钻石看上去是五颜六色的。

最后，我们简单地介绍一下时间晶体。时间晶体非常难以理解。晶体中的原子或分子是整齐排列的，这里指的是空间上的整齐排列。虽然时间晶体中的分子和原子在空间上是整齐排列的，但是在时间上会发生变幻。也就是说，每隔一段时间，它的分子或原子会移动一定的距离，这就是最近发现的时间晶体。

光彩夺目的钻石

第22课

为什么世界是一个量子场？

世界充满了量子场。也就是说，整个世界由量子场构成。

什么是量子场？既是场，又被量子力学所建立，就是量子场。人们对光的重新认识开启了量子世界的大门。而光是最古老的物理学话题之一。

19 世纪下半叶，我们对光的认识以麦克斯韦的电磁理论为盛行。也就是说，光、电磁以及电磁波都统一到这个美丽的理论中了，在这个理论中，“场”是最基本的物理学对象。

说到场这个概念，我们必须得说到英国的大物理学家法拉第（Michael Faraday）。法拉第这个人特别厉害，他是自学成才的少数大物理学家之一。其实在今天，我们想要在物理学领域自学成才几乎是不可能的。那些自认为是自学成才的人，声称有了什么大的发现，基本上都成了所谓的民科。法拉第是电磁理论最重要的奠基人，他发现了电磁感应现象：电流可以产生磁，磁场如果动一动也可以产生电——为发电机的发明奠定了基础。虽然电磁感应现象在实际应用中非常重要，但法拉第发明的场的概念，影响更为深远。

法拉第在大约 1821 年发明了电动机。到了 1837 年，

他引入了电场和磁场的概念，指出在电和磁的周围都有场的存在。一个电荷会产生电场，如果把第二个电荷放入这个电场中，它就会受到这个电场的驱使。这里描述了电荷和电荷之间通过电场产生的相互作用。

法拉第还形象地证明了磁场的存在。一个磁铁会产生磁场。他用一张纸，在纸上撒满铁屑，然后在纸下面放一个磁铁来回地动，纸上的铁屑就会有规律地排列起来。随着磁铁的移动，磁场也会发生变化。铁屑排列的方向以及排列的规则，就像磁场分布的形式。

如果没有法拉第的电场和磁场的概念，麦克斯韦也不可能总结出电磁现象的统一理论，不可能写出“物理学中最美的方程式”。在电磁的统一理论中，最基本的就是电场、磁场、电荷和电流。

在今天看来，麦克斯韦理论是第一个场论。后来，爱因斯坦高度评价了麦克斯韦理论，并且在麦克斯韦理论的启发下发现了相对论。而且，爱因斯坦还发现，万有引力也是一种场论，因为万有引力就是以引力场为基础的。

在量子论确定之后，人们了解到，光子就是电磁场携带能量的最小单位，即光子是电磁场的量子。所以，光子也可以叫作电磁场的场量子。既然电磁场的场量子是一个基本粒子，也就是光子，那么电子是不是也是某个场的场量子？在德布罗意和薛定谔确定了电子波之后，人们很快发现，电子波也可以看成是电子对应的场。或者说，有一种物质场，它的最小能量单位就是电子。

一开始，薛定谔和德布罗意想象的电子的物质场只有一个。但是狄拉克发现，其实电子的物质场非常复杂。它一共有四个对应的电子场，其中两个对应于电子，另外两个对应于正电子。除了电荷完全相反以外，正电子和电子一模一样。那么为什么电子要对应两个场？答案非常简单，因为电子带有自旋，一种自旋向上，一种自旋向下，这样看起来就有两种电子了。所以，必须有两个场来对应两种不同的自旋。

自从量子力学被发现之后，新的场的理论发展艰难。直到第二次世界大战结束，电子场和电磁场才被统一。在这个统一的理论中，电子吸收一个光子或者辐射一个光子，可以看成是电子场和电磁场之间

的互动，物理学家将这种互动称为相互作用。电磁的相互作用可以说是人类最早理解的相互作用，而奠定这种相互作用量子理论的人，就是鼎鼎大名的费曼。

虽然在费曼之前也有很多贡献突出的理论物理学家，但他应当是第一个名声传遍全世界的美国本土的理论物理学家。而费曼的老师就是发明“黑洞”这个名词的惠勒，也是一位著名的物理学家。费曼高中毕业之后，就进入了麻省理工学院学习。他最早主修数学和电力工程，后来才转学物理学，这一点和狄拉克非常像，狄拉克也是先学数学和电力工程的。

“二战”期间，费曼进入了洛斯·阿拉莫斯国家实验室，参与了研究核弹的曼哈顿计划，最后成了曼哈顿项目理论方面的负责人之一。这很不容易，因为理论方面的负责人通常是对理论物理最有洞察的人。

“二战”之后，费曼回到康奈尔大学任教，在此期间，他发现了电磁场和电子场的完整电子理论。我们要再次强调，费曼关于电磁场和电子场的理论不仅很完整，而且很形象。他用图画的方式表达出电子和正电子湮灭成光子的过程，这种图画后来被称为费曼图。

1965 年，费曼因巨大的贡献，与另外一名美国物理学家以及一名日本物理学家分享了诺贝尔物理学奖。

费曼为大众所熟知，不是因为他完成了电磁相互作用的量子理论，而是因为他的物理学讲义，以及后来他在其他方面的贡献。例如，在 1986 年，挑战者号航天飞机失事，费曼是找到失事原因的人。原来，是一个橡皮垫圈在低温之下失去弹性导致航天飞机失事。他还出版了一本畅销书，名字是《别闹了，费曼先生》。尽管这本书出版一年之

后费曼就去世了，他却因此书变得更加有名。

至此，我们或许会提出这样一个问题：既然在20世纪20年代量子力学就已经建立了，原子和分子也可以用量子力学来计算了，那么为什么还需要费曼等人来解决电磁相互作用的量子理论呢？这就涉及他们到底研究了什么。

量子力学创立初期，物理学家解决的是单个粒子的量子力学问题，例如光子、电子等。而费曼等人研究的是关于场的量子力学问题，例如电磁场、电子场等，这个问题和单个粒子的量子力学问题完全不同。

粒子是场的基本量子。当我们处理场的量子力学问题的时候，其实是在处理很多粒子的量子力学问题。不仅如此，在场的量子力学问题中，粒子是可以产生和消失的，这是早期量子力学没有办法解决的问题。举个例子，当电子碰到它的反粒子，即正电子的时候，电子有可能和正电子同时消失。当电子和正电子消失之后必定会有一些东西留下来，最简单的就是留下两个光子，当然也有可能留下更多光子。因为既要满足能量守恒，也要满足动量守恒。

在处理这些问题的时候，费曼等人遇到了过去的物理学家从来没有遇到过的困难——数学上出现了无限大。最终，他们解决了这个困难，并做出了过去单个量子力学没有做过的实验预言。

他们到底做出了什么样的预言呢？我们知道电子像小陀螺一样，有自旋。电子同时带一个电荷，一个会转动的电荷就变成了一个小磁铁，就像给一个小电圈通上电流，从而形成一个小磁铁一样。此时，电子就是一个小小的磁铁。一个小磁铁如果放进磁场中，就会获得能量。我们可以通过研究电子在磁场中的能量来测量电子这个小磁铁的大小。费曼等人发现，在电磁相互作用的量子力学中，这个小磁铁的大小与过去的量子力学计算相比，有一个小小的修正。后来，这个小小的变化通过实验得到了验证。

场论的量子力学还有一个非常重要的特征——预言了真空其实不空。电子可以和正电子随时在真空中冒出来，同时也可以随时消失。它们会不停地冒出来，不停地消失，不可能出现以后不消失，这样能量就不守恒了。这就说明了真空不空。如果我们不用费曼等人的理论，而是用海森堡的不确定性原理，也能推出真空是不空的。一个电子的场在真空中会测不准，这就相当于产生了电子和正电子。

与费曼同时解决了电磁相互作用的量子理论的还有其他两个人，一个是费曼的中学同学，名叫施温格（Julian Schwinger），另一个是日本物理学家朝永振一郎（Sinitiro Tomonaga）。

施温格生于 1918 年，与费曼同年，只比费曼大了三个月。他们都出生在纽约的犹太家庭。只不过施温格出生在曼哈顿，而费曼出生在长岛。施温格是个令人羡慕的神童，他 16 岁就写了一篇论文，并因此被哥伦比亚大学的一个物理大牛看中，得以转入哥伦比亚大学就读。

施温格的数学非常好，写的论文别人很难看懂。据说，有一次他在做关于场论的演讲时，除了玻尔在那里点头，其他人根本不知道施温格在说什么，因为太抽象了。但既然玻尔在点头，大家就认为他说的是对的。在同一次大会上，费曼也上去忽悠。而这一次，玻尔就不再点头了。施温格的演讲还是老老实实套用量子力学，而费曼用的是费曼图。在费曼图中，每个电子和正电子都有轨迹，光子也有轨迹。这在玻尔看来，根本不符合量子力学。因为，根据海森堡的不确定性原理指出，任何粒子都不存在轨迹。当时，玻尔对费曼说了非常尖刻的话："你应该重学量子力学，因为你根本就不懂量子力学，破坏了不确定性原理。"

其实，当时还是有人听懂了费曼的理论。其中一人就是费曼在康奈尔大学的同事兼老师汉斯·贝特（Hans Bethe）。他也是一位著名

令人羡慕的神童施温格

的物理学家，主要贡献在于原子核物理领域。据说他是第一个知道太阳为什么发光的人。贝特在康奈尔大学时，不断地被费曼灌输费曼图，不懂也差不多懂了。此外，还有一个人也听懂了费曼的理论，这个人就是大名鼎鼎的费米。我们前面提到过，费米是美籍意大利裔物理学家，他在美国培养了杨振宁和李政道等人。费米虽然不像贝特那样早就听说过费曼图，但是他听了费曼的演讲后，立刻就理解了。

施温格以超强的计算功夫闻名。有段时间，施温格在“原子弹之父”奥本海默（Julius Robert Oppenheimer）那里工作。这时的奥本海默已经当上了老板，不再做实际工作，只管理各种行政事务。有一天，两位年轻的物理学家来找奥本海默，向他请教一个数学问题。奥本海默简单地讲解了一下计算方法，让他们回去自己算。当天，施温格也听到了这个问题，于是疯狂地算了一个晚上，最后把结果写在一张纸上，塞进一件衣服的口袋里面。过了五六个月，那两位物理学家又来了，高高兴兴地把计算结果拿给奥本海默看。奥本海默说：“施温格不是早就搞定了吗？你们去跟他核对一下。”于是两个人找到了施温格，施温格回去把所有的衣服翻了一遍，终于找到了那张揉得皱皱巴

原子弹之父奥本海默

巴的小纸团，回来告诉奥本海默，说他们大部分是对的，只差了前面的一个乘数因子。奥本海默转身对那两位物理学家说：“你们赶紧回去，看看到底是哪里算错了。”这个故事就说明了施温格超强的数学能力。

施温格有一个怪习惯，他的工作时间跟其他人完全不同。通常他下午才去办公室，而那个时候，大家都快下班了。如果谁有问题要问他，就会把一张纸条留在他的桌子上，请他来解答。

有一次，一个物理学家不太懂一个数学问题，就留了张纸条在他的桌子上。第二天，他再去施温格的办公室，发现桌子上放了一摞纸，有 40 多页答案。这就是施温格另外一个厉害的地方：专注与责任心。

施温格还是一个好老师，带出了很多好学生，其中最有名的是格拉肖（Sheldon Lee Glashow）。格拉肖就是发现正确的弱相互作用的人。我们后面会谈到弱相互作用。格拉肖在哈佛读书时是施温格的学生，他也是一个怪才。有一次，格拉肖给他的学生考试，学生们被试卷上的一道题目难住了，个个急得满头大汗。这时，格拉肖突然想起了什么，对学生们说：“试卷上有一道题目我自己也没做出来，谁做出来告诉我一声。”说得学生们面面相觑。

接下来，我们再谈谈朝永振一郎。

在日本，最早获得诺贝尔奖的有两位物理学家，都是理论物理学家。其中一位叫汤川秀树，在他 40 多岁的时候获得了诺贝尔奖。另一位就是朝永振一郎，他比汤川秀树大一岁，于 1906 年出生。很有趣的是，费曼和施温格是中学同学，而朝永振一郎和汤川秀树是大学同学。朝永振一郎的研究方式和费曼以及施温格都不一样。“二战”之后，由于太平洋两岸的通信并不发达，朝永振一郎在日本做的研究，美国没有多少人知道他的名字。但是，“二战”结束之后，他去了普林斯顿高等研究院。在那里，他将他的研究结果公之于众，受到了西方人的关注。之后，他就和费曼、施温格一起获奖了。

尽管费曼、施温格和朝永振一郎完成了电磁相互作用理论，但场论的基本量子理论早在 1929 年，海森堡和泡利就开始研究了。另外，狄拉克对这个理论的建立也很有功，因为狄拉克通过他的著名的方程，预言了电子存在着反粒子，也就是正电子。

第 23 课

除了万有引力和电磁力外，

还有哪些相互作用力？

在日常生活中，我们可以体会到两种相互作用，一种是万有引力，另一种就是电磁相互作用。

可是，到了 19 世纪末，人们又发现了另外两种相互作用，它们都和原子核有关。一种相互作用可以将原子核中的核子（质子和中子）结合在一起，形成原子核，这种力就叫强相互作用。另一种相互作用也是发生在质子和中子之间的力，叫弱相互作用。这两种力虽然都与原子核有关，但强度悬殊非常大。强相互作用其实比电磁力还要强 100 多倍，而弱相互作用比电磁力弱大约 10 万倍。这两种力都与 19 世纪下半叶发现原子核的放射性有关。

先谈谈强相互作用。1899 年，出生在新西兰的一位应用物理学家卢瑟福（Ernest Rutherford）在放射线中发现了 α 粒子。α 粒子其实就是氦原子的原子核。一些重元素的原子核会辐射出 α 粒子，变成更轻的元素，这其实就是强相互作用造成的。后来，科学家们才知道，原来这种力不仅仅发生在质子和中子之间，它也发生在更多的基本粒子之间。强相互作用必须足够强，否则，质子之间产生的排斥力早就把原子核拆散了。因为质子带正电，同性相斥，所以强作用在原子核中基本体现为吸引力，质子之间互相吸引，中子之间互相吸引，质子和中子之间也互相吸引。

我们再来说说卢瑟福的故事。

卢瑟福出生在新西兰，大学也是在新西兰上的。在那个年代，新西兰还是一个发展中国家，高等教育水平也很落后。那为何卢瑟福能成为这么了不起的科学家呢？因为他的运气特别好。在举世闻名的剑桥大学，有一个世界顶级的物理学实验室，叫卡文迪什实验室。卢瑟福上大学的时候，卡文迪什实验室做了一项很大的改革，允许剑桥大学以外的学生向实验室提交一篇论文。如果卡文迪什实验室的教授一致同意论文作者是可造之材，他们就会邀请这个学生到剑桥大学访问，并授予他剑桥大学的学位。卢瑟福正是靠着一篇论文，没参加任何入学考试，就得到了去剑桥大学卡文迪什实验室深造的机会。他师从诺贝尔物理学奖获得者汤姆逊（Thomson，Joseph John），做出了非常重要的科学发现。并在汤姆逊退休以后，卢瑟福接任了卡文迪什实验室主任的职位。可惜的是，这项改革政策很久之前就被取消了。大家以后要是想拿剑桥大学的学位，还得自己考进去。

卢瑟福是 1908 年的诺贝尔化学奖获得者。一个物理学家，最后居然得了诺贝尔化学奖，听起来是不是很奇怪？卢瑟福本人对此也是相当不满，觉得自己明明应该得物理学奖。可能你会问，物理学奖也好，化学奖也好，都是诺贝尔奖，得哪个都一样，干吗还要斤斤计较呢？对我们普通人来说，这两个奖确实差不多。但在卢瑟福看来，这两个奖的区别可大了，化学奖完全不能和物理学奖相提并论。他曾经说过一句名言：“科学研究，除了物理，其他的都是集邮。”

获得诺贝尔化学奖的"原子核物理学之父"卢瑟福

在卡文迪什实验室，一直流传着这么一个故事。一天深夜，卢瑟福去实验室检查，意外地发现有个学生正在做实验。他走到学生的身后，轻声问道："你上午在干什么？"学生回头一看是卢瑟福，立刻站起来回答："在做实验。"卢瑟福又问："那下午呢？"学生回答："在做实验。"卢瑟福再问："晚上呢？"学生以为老师会表扬他勤奋，所以得意地回答："也在做实验。"没想到卢瑟福一脸严肃地问："你整天都在做实验，还有时间去思考吗？"学生当时就哑口无言了。临走时，卢瑟福还告诫他："别忘了思考！"从此，这句话就成了卡文迪什实验室的名言。

卢瑟福是玻尔的老师，他通过用 α 粒子轰击原子，才发现原来原子是由原子核以及电子构成的。他是第一个发现了原子核非常非常小的物理学家。他发现原子核比原子小了 10 万倍。我们这里讲的是线性的尺度，也就是大小，而不是体积。在卢瑟福的发现基础上，玻尔发明了原子模型。

关于卢瑟福和玻尔，有个著名的故事。有一天，卢瑟福的一个同事突然给他打来电话，说："有一个叫玻尔的学生参加考试，我要给他零分，他偏说自己该得满分，请你来仲裁一下。"原来，卢瑟福的同事出了这样一道题：给你一个气压计，你怎么用它来测量一栋楼的高度？正确答案很简单：地面的气压比较高，高处的气压比较低，利用地面和楼顶测到的气压值，就可以推断出大楼的高度。

但玻尔的回答却让人大跌眼镜。他说："我把气压计拿到楼顶，再带一根很长的绳子，把气压计系在绳子的一头，再把气压计放到地面上，等到气压计碰到地我就收回来，收回来绳子的长度就是大楼的高度。"这个回答当然是正确的，但并不是一个物理学的答案，所以卢瑟福的同事就想给他零分。

卢瑟福见到玻尔的时候，玻尔说："其实我有五六个物理学的答案。"卢瑟福就好奇了："你能说几个你的答案吗？"玻尔说："有一个物理学答案是这样的：我把气压计拿到楼顶上，然后一松手让它自由落地，通过测量它落地的时间，就可以根据自由落体定律算出大楼的高度。"玻尔还说了好几个物理学的回答，都是这种虽然正确却又能让老师抓狂的答案。最后，玻尔说道："我还有一个最简单的答案：我去找大楼的看门人，跟他说如果你告诉我大楼的高度，我就把气压计送给你。"卢瑟福觉得这个年轻人很有才气，于是就给了他满分。

不过真实情况是，玻尔第一次见到卢瑟福的时候，已经在哥本哈根大学拿到了博士学位。所以上面讲的故事其实是后人编出来的，来证明玻尔的才气。

我们回到强相互作用的话题。到了 20 世纪 60 年代，物理学家才发现，原来核子——也就是质子和中子——并不是基本粒子，它们是由夸克构成的，一个质子里有三个夸克，一个中子里面有三个夸克。到底是什么将夸克绑在一起的？原来，还有另外一种基本粒子，叫胶子。

它们的作用就是将夸克黏在一起，这就是一部分强作用，而剩余的强作用还可以把质子和质子、质子和中子、中子和中子绑在一起，形成原子核。

直到 20 世纪 70 年代，人们才最终发现了正确的强相互作用理论。这个理论是建立在杨振宁先生发现的杨 - 米尔理论基础之上的。关于杨 - 米尔理论，有个小故事，是关于华裔物理学家徐一鸿的。在 20 世纪 70 年代，有三位物理学家在杨 - 米尔理论基础上，同时发现了强相互作用的正确理论。这三位物理学家因此得了诺贝尔奖，其中一位后来经常来中国，他的名字叫大卫·格罗斯（David Gross）。

1972 年，格罗斯等人在 7 月发表了论文。这一点我们要强调一下，格罗斯和他的一位学生发表了一篇论文；另一位物理学家独立地发表了一篇论文，也是在 7 月发表的。而徐一鸿是在 5 月，也就是提前两个月发表了另外一篇论文，里面计算了所有的场论，唯独没有计算杨 - 米尔理论。这样一来，徐一鸿就和发现强相互作用的正确理论擦肩而过了。后来，徐一鸿正打算去计算杨 - 米尔理论，结果发现已经被格罗斯等人抢先了，所以他也就没有获得诺贝尔奖。但是，徐一鸿依然是在杨振宁、李政道之后，非常了不起的一位华人物理学家。

最后再谈谈弱相互作用。这种相互作用最经典的例子，就是一个中子可以衰变成一个质子、一个电子和一个中微子。我们知道，中子比质子重一点，它才会变成一个质子、一个电子和一个中微子，因为能量必须守恒。严格说来，中子衰变的产物中的中微子其实是反中微子，也就是中微子的反粒子。

弱相互作用真的非常非常微弱。物理学家也是花了很长时间才找到它的正确理论。早在 20 世纪 30 年代，意大利著名物理学家费米就提出了一种弱相互作用理论，今天被称为“费米相互作用”。可是，后来人们发现，这个理论也会出现数学上的无限大。前面提到过，电磁理论会出现无限大，但是这个问题被费曼等人解决了。可是，在费米相互作用理论里，没有人能够消除这种无限大。今天，我们可以将其简单地表述为：费米的理论与量子力学相矛盾。

一直到 20 世纪 60 年代，人们才慢慢发现了弱相互作用的正确理论。首先，希格斯（Peter Higgs）等人发现了“希格斯粒子”，这是一种新的理论。到了 1967 年，有两位物理学家通过希格斯等人的发现，建立了正确的弱相互作用理论。这个理论还是与杨 - 米尔理论有关，正确的弱相互作用理论既包括弱相互作用，也包括电磁作用。在这个理论中，弱相互作用和电磁作用是一体的，是一个事物的两面。所以，弱相互作用理论其实是第一个所谓的统一理论。物理学家们花了几十年的时间，试图将弱相互作用、电磁作用以及强相互作用，甚至万有引力统一在一起，提了很多理论，但是至今没有一个被实验验证的。

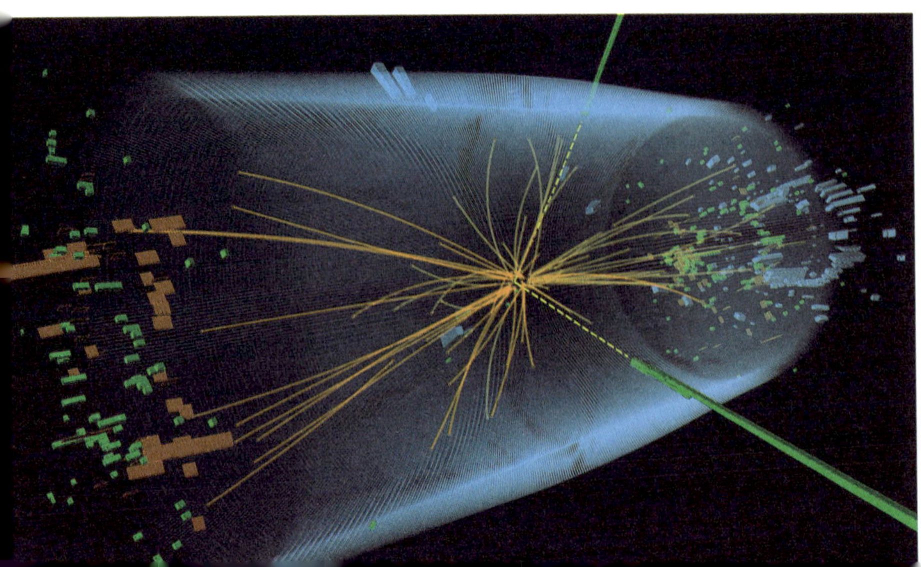

第24课

被学术界承认的最大的发现：黑洞蒸发

在最后两节课的内容中，我们谈谈黑洞的量子问题和引力的量子问题。

现在，终于来到了可以说是量子取得的最后胜利的时刻，也是霍金最重要的发现。

大家都知道《时间简史》，不知道的人迟早也会听说这本书。为什么？因为《时间简史》可以说是有史以来销量最好的一本科普著作。《时间简史》的英文版出版于 1988 年。

关于书名，还有一段渊源。本来，霍金打算取的书名叫《从大爆炸到黑洞》。但是，霍金的编辑认为，这个书名一点也不讨好。虽然霍金那时的名气如日中天——那一年他 46 岁，根据联合国教科文组织对年龄的划分，46 岁刚刚过了青年阶段，因为青年阶段划分到 45 岁（在中国，很多科学项目对科学家年龄的限定都是以 45 岁为上限，比如国家杰出青年科学基金，要求申请者未满 45 岁；长江学者奖励计划要求自然科学类、工程技术类人选年龄不超过 45 周岁）。作为刚刚步入商业界的人，霍金不懂市场。他的编辑也很有名气，叫西蒙·米顿（Simon Mitton），是剑桥大学的一位天文学家，研究高能天体物理学。同时，他也是一位科普作家，写过很多关于天文学和宇宙学的科普著作。

早在1983年，西蒙·米顿就找到霍金，希望他写一本科普著作。霍金完成了这本书后，他建议霍金将书名改成《时间简史》。这一改不得了，这本书成了有史以来最为畅销的科普著作，十几年内卖了1000万本。据说，到今天，这本书已经被翻译成40多种语言，卖了2000多万本。我不知道2000多万本这个数字是否属实，但截至2007年4月，至少卖了1000万本。1991年，我在加州看到了这本书，就为我女儿买了一本精装本。麦当娜在1992年出版了自己的写真集，霍金在1993年就说："我的书卖得比麦当娜的书还好。"为此，他感到非常自豪。我个人确实和霍金没有什么交情，只记得，他第一次来中国，是到位于合肥的中国科技大学，那时，我正在科大读研究生，我在他面前做了关于我的一项研究工作的演讲。后来，在1986年，我去了一趟剑桥大学，再次在他面前做了一次演讲。

在《时间简史》出版之后，霍金陆续出版了一些科普著作，最新的一本是《黑洞不是黑的》。我们在谈这两本书的同时，会讲讲霍金的主要发现，也就是黑洞蒸发，以及由此带来的一些物理学问题。

《时间简史》含有 11 章内容，从我们现在对宇宙的认识开始谈，到量子力学的不确定性原理，再到黑洞以及霍金自己的发现，最后讲到物理学中各种相互作用的大统一。总之，此书确实包括了很多基础物理发现。可是，普通人也不一定能读得懂，毕竟没有人能够在这么短的篇幅中将这么丰富的内容通俗地讲出来。作者霍金都做不到，更不用说别人了。

那为什么霍金的书还卖得好呢？我觉得有以下三个原因：

第一，按照今天的话来说霍金就是科学界的第一 IP，他太有名了，他的人生太励志了。第二，霍金喜欢在书里讲故事。第三，霍金在《时间简史》整本书中只用了一个公式，就是爱因斯坦著名的质量和能量的关系公式，$E=mc^2$，这是因为他的编辑米顿一直在劝他不要在书里用到公式，因为多一个公式就会少一半的读者。最后，霍金将公式削减到只有一个，但霍金在“致谢”中提到了编辑劝他削减公式的故事，这个故事又增加了这本书的吸引力，也被传为美谈。

接下来谈一下霍金的个人经历。霍金出生于 1942 年，也就是第二次世界大战期间。据说，不少厉害的物理学家都出生于 1942 年，就不在这里一一罗列了。霍金的出生地是牛津。他在 17 岁就上了牛津大学。霍金在那时就显示出惊人的能力，他不需要学别人是怎么解决一个科学问题的，他只需要知道这个问题有解，然后自己去解决它。似乎很多著名的科学家都有类似的习惯。

还有一个有趣的事情，霍金喜欢科幻小说，他还参加过划船比赛。我们想象一下，如果霍金后来没有残疾，他可能是一个肌肉男。在牛津的三年期间，他只花了 1000 个小时来学习（想想一万小时定律）。最后，他在 20 岁时成功考入剑桥大学攻读硕士学位，研究宇宙学。24 岁的时候，他完成了博士论文，有关宇宙中的奇点（请记住，这个字的读法是“奇怪”的“奇”，不是“奇偶”的“奇”）。

霍金在学术界最有名的著作并不是《时间简史》，而是他和另一位物理学家埃利斯（G.F.R.Ellis）写的《时空的大尺度结构》。这本书很抽象，但影响了几代物理学家。写这本书的时候，霍金才 31 岁。而就在这一年，霍金做出了他这一辈子最重要的发现：黑洞会蒸发。在谈黑洞蒸发之前，先来谈谈霍金的婚姻以及得病的事情。

霍金在剑桥大学读硕士的时候，在 1963 年的新年派对中，遇到了正准备进入伦敦大学的简・怀尔德。据说，简有四分之一华人血统。她被霍金的风趣幽默与独立性格所吸引。那时，霍金的身体已经出现了渐冻症的前兆，虽然还尚未确诊。渐冻症无药可治，患者通常只能活两三年，然后会因为肺炎或呼吸肌肉失效导致窒息而去世。可是，霍金一直活到今天。其中，简有很大的功劳。

1964 年 10 月，霍金与简结婚。霍金说，这次婚姻改变了他的人生，给予了他生活的动机。霍金和简生了三个孩子。1967 年，霍金的大儿子罗伯特诞生；1969 年，女儿露西出生；1979 年，二儿子提摩西出生。

1990 年，霍金与结婚 26 载的首任妻子宣布离婚。五年后，他与贴身护士伊莱恩结了婚。外界曾评论称，一个新家庭的诞生以两个家庭的破裂为代价，因为伊莱恩此前刚刚与前夫戴维・梅森办了离婚。霍金身边的朋友当时也纷纷指责伊莱恩，称她给霍金“洗了脑”。

时隔许多年后，霍金的前妻仍对丈夫当年的“背叛”恼火不已，并在不同场合称这完全是伊莱恩精心策划的一场“阴谋”。2006 年，霍金和第二任妻子离婚，虽然此时第一任妻子已经另嫁他人，但霍金恢复了和第一任妻子以及三个子女的亲近关系。

现在，我们来谈谈什么是黑洞蒸发。

我们前面说过，场满足不确定性原理，而粒子又是场的量子。场在真空中一直在涨落，其表现为粒子和反粒子不停地产生又消失。

物理学家施温格发现，如果我们在真空里放一个电场，就会让带电的粒子不断地产生出来，因为真空里本来就有粒子和它们的反粒子在不停地产生又消失。一旦有了电场，带电的粒子就会被电场加速，带正电的粒子沿着电场的方向走，而这个粒子的反粒子带负电，会沿着电场的相反方向走。这样，两个粒子就被拉开了，不会再互相找到对方而湮灭了。

在这个过程中，能量还是守恒的，粒子和反粒子所带的能量其实来自电场的能量，也就是说，产生一个粒子对，电场就会减弱一点。

根据爱因斯坦的理论，黑洞会产生引力，也就是引力场。如果我们将引力场和电场类比，就会发现，引力场也会产生粒子对。在这个过程中，引力场的能量被粒子对带走了。于是，霍金发现，对于黑洞来说，真空被黑洞改变了，就像前面谈到的真空会被电场改变。粒子对在不断地产生和消失，一个粒子和它的反粒子会分离很短的一段时间，于是就有以下几种可能性：两个伙伴重新相遇，并相互湮灭；粒子被黑洞捕获，而反粒子在黑洞的外部出现；两个粒子都落入黑洞。霍金计算了这些过程发生的概率。当一个粒子掉进黑洞里，黑洞自发地损失了能量，也就是损失了质量，而在外部会出现一个粒子，能量依然是守恒的。光子其实也是粒子，所以黑洞辐射光子，就会发光。

霍金还得出一个结论：黑洞辐射粒子的方式很像普朗克当年发现的黑体辐射谱。也就是说，黑洞就像一个有温度辐射的天体，这个说法非常有意思。本来我们以为，黑洞吸收一切物质，光也逃不出来，所以黑洞是黑的，这也是当年惠勒给黑洞取名为黑洞的原因。如今，霍金发现黑洞并不黑，而且还有温度，这是一个震惊物理学界的发现。

当然，黑洞的质量越大，引力场其实就越弱。再者，因为黑洞比较大，所以外部的尺度就比较大，根据万有引力与距离平方成反比的规律，引力就比较弱。这样看来，黑洞辐射就比较小。反之，黑洞越小，辐射就越强。

因此，霍金得出结论：大的黑洞温度低，小的黑洞温度高。原则上来讲，黑洞的温度会随着黑洞的质量变小而无限地升高。当然，黑洞的质量不会无限小，所以黑洞的温度也会有一个上限。

黑洞蒸发

第 25 课

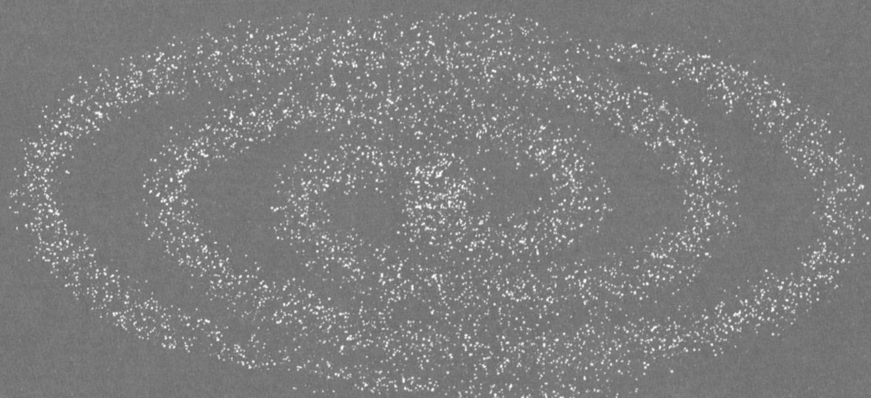

黑洞不是尽头，是存在的开始

在上一课中，我们谈到了黑洞蒸发，这是霍金被学术界承认的最大的发现，尽管霍金本人认为他最大的发现是宇宙从无到有的理论。

2017 年，霍金出版了《黑洞不是黑的》。这本书的内容以他在 BBC 做的两期 15 分钟的“里斯讲座”为基础。BBC 的里斯讲座设立于 1948 年，每年都会有一次。最早的演讲者是英国著名哲学家罗素（Bertrand Russell）。从那以后，人类文明不同领域中的著名人物纷纷出现在里斯讲座中，讲的话题包罗万象，有文化、科学、宗教、政治等，同时还邀请听众加入讨论。

2016 年年初，霍金应 BBC 邀请，做了两次里斯讲座，所讲的话题便是黑洞。第一次讲座关于经典黑洞，也就是没有量子效应的黑洞。而在第二次讲座中，他讲的就是黑洞的量子问题了。

《黑洞不是黑的》这本书中还有 BBC 的新闻科学编辑大卫·舒克曼(David Shukman)的注解。有了他的注解，这本书就变得相当完整。在中文版中，还有译者吴忠超写的附录，标题是《黑洞极简史》，介绍了黑洞研究的历史。

在谈这本书之前，我想先谈一下译者吴忠超。其实，他也是《时间简史》的翻译者。他是我的师兄，我在1982年考上了中国科学技术大学的研究生，我们的导师同是著名的天体物理学家。后来，吴忠超去了剑桥霍金所在的应用数学与理论物理系学习宇宙学，他还和霍金合作写了一篇论文。在我就读科大期间，他回来了一次。有一天晚上，吴忠超做了一个学术演讲，介绍了当时非常火的霍金关于“宇宙是无中生有的”这个理论。

接下来，我们谈一下《黑洞不是黑的》中提到的关于黑洞命名的故事。当然，说到这个故事，不免要谈到研究黑洞的历史。黑洞的命名人是美国物理学家惠勒。惠勒可以说是美国20世纪最早的理论物理学家。当然在这之前，美国也有很多理论物理学家，但惠勒是最早出名的美国本土的理论物理学家。惠勒早期在丹麦首都哥本哈根的玻尔研究所，跟随玻尔研究原子核物理。由于他确实出生得比较晚（1911年出生），比海森堡、泡利等人小10岁左右，所以他没有赶上量子力学的大发展，他便只好跟随玻尔研究原子核物理。在原子核物理方面，他也有重大的发现，比如他和玻尔发表了关于原子核裂变的“液滴模型”，就是说原子核像一滴水一样。

回到美国后，惠勒转向了与爱因斯坦理论有关的研究——万有引力和弯曲的时间空间等。他自己是非常厉害的理论物理学家。更加厉害的是，他带出了很多非常杰出的理论物理学家，其中最有名的就是费曼。除了费曼，他的学生还有艾佛莱特（Hugh Everett III）。艾佛莱特也是一个传奇人物，他发现了量子力学的一个重要解释——量子多世界。另外，惠勒还有一个很厉害的以色列学生，叫作贝肯斯坦(Jacob Bekenstein)。贝肯斯坦一辈子专注于把一件事做到极致。了不起的是，他发现了“黑洞不是一种简单的天体，黑洞所包含的信息应该比跟黑洞具有相同质量的任何天体所包含的信息都要多得多”的现象。正是贝肯斯坦的发现让霍金发现了黑洞蒸发现象。

惠勒是怎样发明“黑洞”这个名词的？早在20世纪30年代末，美国物理学家奥本海默及其学生就发现，爱因斯坦的理论做了一个惊人的预言，一颗很重的恒星烧到最后，在万有引力的作用下，会无限制地坍缩，制造出密度非常高的堆积体，密度高到连光都无法穿越，然后形成一种很奇怪的天体。这种奇怪的天体除了质量之外，什么都没有。当然，如果本来的恒星有转动，那么最后，这种奇怪的天体，除了质量以外，还有一个量，叫作角动量。这种奇怪的天体有一个边缘，什么物质都没办法逃出这个边缘，包括光，所以它是黑的。物理学家对这个边缘有个专门的术语，叫作视界，因为我们的目光只能抵达到那里。在视界里，有个质量堆积得密度无限大的中心，在这个地方，空间会无穷地弯曲，物质密度会无限扩大。其实，这个中心就是所谓的奇点，它并不是空间上的一个点，而是时间的终结。

惠勒最先反对这个结论。1958年，在比利时的一场会议中，他与奥本海默对质。惠勒说，这个坍缩理论不能很好地解释这颗恒星中的物质的命运。他又反驳道，物质怎么可能会发展到没有物质而只有质量这么一个状态呢？毕竟，根据物理学法则，怎么可能发展到违背自己以达到根本没有物理学法则的地步？但是很快，当在解释这颗坍缩恒星内部和外部的数学理论出现时，惠勒和其他一些学者就被说服了。

1967年，在纽约的一次会议上，惠勒为了说服场下的听众，便灵机一动，想到了“黑洞”这个词，用来描述这颗恒星可怕和充满戏剧

性的命运。从此，“黑洞”这个词就流传开来了。

在惠勒 1967 年发明“黑洞”这个术语之前，这种奇怪的天体不叫“黑洞”，而是叫“冻星”。惠勒新造的这个词强调，坍缩的恒星残余本身是非常有趣并且是值得研究的。但是，“黑洞”这个词和它形成的过程没有关系。

“黑洞”这个词让人联想到某种黑暗而神秘的东西，但是模式化的法国人却觉得这个词中含有下流的一层意思。“黑洞”这个词听上去确实很淫秽，会让人想到女性的生殖器。而惠勒还说，黑洞除了质量和角动量之外，没有任何其他表面上可以看到的现象和性质，它不像恒星能够千变万化。之前惠勒还说黑洞有两根毛（质量和转动），后来他干脆就说黑洞无毛。这样一来，法国人就觉得更加淫秽了。不过，“黑洞”这个词还是广为流传。最后，连法国人也不得不接受这个词。

黑洞无毛论导致了物理学中的一个巨大的矛盾。比如，我们向黑洞里扔东西，扔电视机也好，手机也好，《百科全书》也好，无论我们扔什么，黑洞增加的只有质量，最多还有角动量。这句话的意思是：一切信息扔进黑洞后都会被毁灭。如果黑洞还像经典物理学说的那样是永恒不变的，永远是黑的，也不蒸发，那么就不必特别担心信息被毁灭。因为我们总说那些信息被藏在黑洞里了。甚至有人还猜测，黑洞到了奇点那里，时间虽然终结了，实则又打开了一个口子，这个口子通向另外一个宇宙，这样一来，信息说不定就流窜到另外一个宇宙中去了。

霍金发现了黑洞蒸发。那么问题来了，原则上说，黑洞最后还是

通往另一个世界

蒸发了，蒸发后剩下的不过是一堆热辐射和热粒子（带有温度的粒子）。这些热辐射和热粒子里不含任何信息，比如我们之前扔进去的信息就都找不到了。这就变得比较可怕。因为传统的物理学认为，中间的信息是守恒的。举个例子，假如我们点火烧了一部《百科全书》后得到了一堆灰和烟雾，但是我们能精确地测量这堆灰和烟雾，从原则上来讲，原来的信息都在灰和烟雾的原子里。那是因为经典物理学保证了这个结果。

霍金的发现导致了一场大争论：黑洞的形成和蒸发是否破坏了信息守恒？是否破坏了保证信息守恒的量子力学？如果信息不守恒，是否就要对量子力学进行修改？

这真是一个世纪大问题。因为我们知道，量子力学是继牛顿力学之后整个物理学的基础。《黑洞不是黑的》这本书最后提到了霍金在2016年发表的一篇论文，这篇论文是霍金和另外两位物理学家写的，其中一位物理学家是哈佛的教授斯特罗明格（Andrew Strominger）。这篇论文的标题很有趣，叫作《黑洞上的软毛》。

说起斯特罗明格，他和我当年能够去美国有很大的关系。1990年，我在丹麦的玻尔研究所即将毕业，拿到博士学位后，我需要找工作。于是，我向美国的一些大学投递了申请信。后来，我得到了两个博士后位置的offer，其中一个就来自当时在加州大学圣巴巴拉分校的斯特罗明格教授。后来，他还支持了我的一位学生去美国。

霍金和斯特罗明格以及另外一位物理学家在《黑洞上的软毛》这篇论文中到底说了什么？在这里，我很难用通俗的语言来告诉大家。简而言之，这篇论文声称在黑洞的视界上有很多很多信息，这些信息的携带者是一些近乎没有能量的光子和引力子。因为在这个世界上，只有光子和引力子以光速传播，可以达到近乎没有能量的地步。

在这篇论文中，还有很多数学和物理理论。这篇论文到目前为止被其他物理学家引用过大概 150 次。这从侧面也反映了整个研究万有引力和量子力学的学界的一个问题：一旦一个名人发表了一篇文章，大家都一拥而上，在里面找一些小问题来研究一下。至于这篇论文是不是真正有突破，我觉得还需要时间来检验。总之，黑洞的量子信息问题是万有引力本身和量子力学根深蒂固的矛盾问题。

从 20 世纪 60 年代惠勒等人确定黑洞是存在的开始，物理学家们已经耗费了很多人力和时间来研究万有引力和量子力学的结合，也就是量子引力理论。这就像我们以前提到的，量子力学可以和电磁学相结合，可以和弱相互作用相结合，也可以和强相互作用相结合。

可是在过去这几十年，物理学家们发现，量子力学和万有引力很难结合在一起。人们一直在解决这个问题的道路上狂奔，也许一直都看不到尽头。我本人对此问题的解有点悲观，我觉得量子力学和万有引力结合这个问题也许还需要几百年才能真正地被解决。问题到底出在什么地方呢？我觉得问题出在很难有实验来帮助物理学家检验众多的想法。

最后，我用一句话来为量子力学的内容做个总结：量子力学肯定是这个世界的正确理论，量子力学还会运用到很多应用中去。但是，量子力学最后的一个难题，即量子引力理论，可能还要等上几百年才能被解决。

爱因斯坦的最后一个预言实现：探测到引力波

淼叔爱问答

在双缝实验中，真实的实验是如何观测电子通过哪条缝隙的？

在一个硬纸板上开两条平行的缝，把一束光打过去（也可以用其他的基本粒子所组成的平面波，比如说电子、中子都可以）。这个时候，每一个光子就同时走这两条缝。你可以说："我不知道光波是可以同时走两条缝的。"但是现在的实验可以做到把光子一个一个打过去。前提是两条缝都是开放的。于是，我们会发现第一个光子通过硬纸板到了后面的屏幕上，可能落在一个任意的点上，第二个光子又落在任意一个点上。当我们打了很多光子以后，把这些点都标出来，会发现在双缝后面的屏幕上出现一条条平行的条纹。而这一条条平行的条纹的正中间正好是暗的，并没有多少光子。也就是说，光子是同时走了两条缝的，我们不能说光子走了其中一条缝。

正确回答这个问题是这样的：如果我们想知道电子或者是光子走哪条缝，可以在其中一条缝前面放一个光子或者电子探测器，探测到这个电子走了这条缝，那么后面的条纹就会被破坏。也就是说，只要在缝前面加一个探测器，那么光子或者电子本来同时走两条缝，这个时候它就只走一条缝。

中科大量子实验室成功研发出半导体量子芯片，我国离制造出量子计算机还有多远？

其实，量子计算机有两种。一种是通用计算机，另一种是所谓的量子模拟——这种量子计算机具有单一的作用。比如，我用这个量子计算机模拟一个原子或者是几个原子的具体过程，或者用来分解一个非常大的不可分解的整数。但是这三种目的要有三个不同的量子计算机做出来。就相当于 AlphaGo 只会下围棋不会下象棋。这个就是专门的量子计算机。

我国离制造出专门的量子计算机也就一步之遥了。非常遗憾的是，专门量子计算机并没有多大的作用。就像我们手里拿的手机，它不是专门的量子计算机，它是一种类似的通用机。那么，无论是中科大还是世界上任何一个量子实验室离制造出量子的通用计算机的时间还非常遥远。遥远到长的可能是 50 年，短的话可能也得要 20 年。

正、反电子碰撞湮灭成光子后，其本身的自旋属性到哪里去了？是简单叠加成为光子的自旋吗？

不是简单叠加成光子的自旋，因为自旋是一种角动量。在物理学里角动量是守恒的，就相当于能量守恒一样。当说到正、反电子碰撞的时候，我们要看正、反电子碰撞之前这两个电子的自旋，一个是正电子自旋，一个是反电子自旋，再加上它们的角动量，这个就是总的角动量。这个总的角动量湮灭成光子之后是被光子的总的角动量所带走的。而且它湮灭的是两个光子的，不可能是单光子。这是给大家回去做的一个作业，大家想一想为什么正、负电子碰撞湮灭成一对光子而不是一个光子？

那么这一对光子总的角动量也是等于两个光子的自旋加上它们的其他角动量，也就是说轨道角动量。因为除了自旋以外，它们还会做直线运动，这个也有角动量。这个总的角动量应当等于正、反电子碰撞湮灭之前的整个角动量。所以不能简单地说叠加成光子的自旋。

最近量子医学很火，量子医学是利用了量子力学吗？此外还有简单的量子服装、量子手机、量子眼镜和量子瓶等，说有很神奇的效果，这些东西靠谱吗？

都不靠谱。并不存在量子医学，也不存在量子服装、量子手机、量子眼镜和量子瓶。量子医学如果存在的话，我们得在量子层面发展生物学。当然到目前为止，我们只知道 DNA 的双螺旋结构，而这个双螺旋结构严格说还是经典意义上的，还不需要量子状态。因此量子医学完全是在胡说八道。

如何看待量子纠缠的超距作用？

这是一个很长的话题。很多物理学家花了几十年时间绞尽脑汁，都没有理解量子纠缠的超距作用。但是最近有一个研究告诉我们，量子纠缠的超距作用真的不见得是超距作用。一对电子的纠缠，就是一个电子和另外一个电子纠缠，其中一个电子向上自旋，另外一个电子向下自旋。那么这两个电子纠缠之后，把它们分别发送出去，一个向左 100 光年，一个向右 100 光年，这样来算，这两个电子之间就相距了 200 光年。这个时候，只要是左边的一个观测者看电子，那么他立刻会影响到右边的观测者看电子。几乎是立刻，我们不去解释具体的所谓的“立刻”的意义，同时性在相对论里是相对的。

但是最近研究解释说：相隔 200 光年的两个电子中间其实有一个虫洞纠缠，这个虫洞可以在其他空间里连接这两个光子。用一张纸来打比方：挖两个孔，不把这两个孔直接在纸面这个平面上相连，而是在两个孔之间的另外一个空间维度搭一座桥，这座桥就不在纸面这个平面上通过。同样，连接两个电子的虫洞也不在我们这个宇宙中通过，所以它们的距离可以是无限短。这样就解释了表面上的超距作用也不是超距作用。我觉得这个说法比较靠谱。

是不是存在着还没有发明的量子通信手段是可以超光速的呢？

在原理上，没有一个科学家可以证明不存在超光速的量子传递信息。但是从相对论的角度来说，如果存在超光速的量子通信的话，那么相对论里会出现一系列悖论。这就是所谓的祖父悖论。目前为止，我们只是说还没有一个天才能发明一个超光速的量子通信。因为这个天才要发明之前，必须打破相对论，必须打破祖父悖论所带来的一系列的破坏因果的后果。

一个场有没有势能？

当我们说势能的时候，通常说的是一个基本粒子或者是一个单独的个体，比如一个人在半山腰上的势能就比在平地上的势能高。粒子是有势能的，但是当我们说一个场有没有势能，这个就比较复杂了，因为场不是粒子。粒子是场的一个能量最小的单位。场有没有势能和粒子有没有势能不是一回事。当然场也是可以有势能的。在量子场论里，势能其实是它自身的相互作用。

时间到底存不存在？如果时间存在是第四维，那么第五维是平行时空吗？

时间当然存在，因为我们的记忆会告诉我们时间是存在的。我有昨天，我有前天，我有去年，我有前年，我有读大学的时候，我有读中学的时候，我有读小学的时候，所以时间是存在的，在这个意义上看时钟也是存在的。

如果把时间看成是第四维，那么真的存在额外维的话，第五维通常被认为是空间，不能说是平行时空，是一个多出来的空间。

图书在版编目（C I P）数据

上帝不掷骰子：量子物理简史 / 李淼著 . – 北京：
北京联合出版公司，2018.7
ISBN 978-7-5596-2079-8

Ⅰ . ①上… Ⅱ . ①李… Ⅲ . ①量子论 – 物理学史
Ⅳ . ① O413-091

中国版本图书馆 CIP 数据核字 (2018) 第 094639 号

上帝不掷骰子：量子物理简史

作　　者：李　淼
责任编辑：杨　青　高霁月
内文设计：沐希设计

北京联合出版公司出版
（北京市西城区德外大街 83 号楼 9 层　100088）
北京市雅迪彩色印刷有限公司印刷　新华书店经销
字数 170 千字　700 毫米 ×980 毫米　1/16　印张 15.5
2018 年 7 月第 1 版　2018 年 7 月第 1 次印刷
ISBN 978-7-5596-2079-8
定价：49.80 元